智能驾驶理论与实践系列丛书

无人系统驾控实践
基于 Autoware 自动驾驶平台

付明磊 张文安 何军强 编著

電子工業出版社

Publishing House of Electronics Industry

北京·BEIJING

内 容 简 介

本书是一本从工程实践角度介绍无人系统驾控技术的书籍。本书以无人车为应用对象，以 Autoware 自动驾驶平台为核心，全面介绍了 Autoware 自动驾驶平台中各个模块的主要功能，详细讲述了利用 Autoware 自动驾驶平台实现无人系统驾控的操作过程。

本书首先介绍了 Autoware 自动驾驶平台的基本架构与安装过程，然后介绍了常用传感器、感知模块、定位模块、路径规划模块和控制模块的操作过程，最后介绍了无人车的激光循迹实践案例。

本书旨在帮助读者快速熟悉 Autoware 自动驾驶平台的基础操作，掌握无人系统驾控的基础技术。

本书是一本适合从事智能无人系统、移动机器人、自动驾驶等领域的高等院校的相关专业本科生、研究生、科研人员、技术爱好者的技术入门书籍，也可以作为自动驾驶工程开发的工具书。

图书在版编目（CIP）数据

无人系统驾控实践：基于 Autoware 自动驾驶平台 / 付明磊，张文安，何军强编著. —北京：电子工业出版社，2022.10

（智能驾驶理论与实践系列丛书）

ISBN 978-7-121-44369-5

Ⅰ. ①无⋯　Ⅱ. ①付⋯　②张⋯　③何⋯　Ⅲ. ①自动驾驶系统　Ⅳ. ①V241.4

中国版本图书馆 CIP 数据核字（2022）第 183623 号

责任编辑：张　迪（zhangdi@phei.com.cn）
印　　刷：北京虎彩文化传播有限公司
装　　订：北京虎彩文化传播有限公司
出版发行：电子工业出版社
　　　　　北京市海淀区万寿路 173 信箱　邮编：100036
开　　本：787×980　1/16　印张：14.75　字数：318.6 千字
版　　次：2022 年 10 月第 1 版
印　　次：2024 年 9 月第 4 次印刷
定　　价：88.00 元

凡所购买电子工业出版社图书有缺损问题，请向购买书店调换。若书店售缺，请与本社发行部联系，联系及邮购电话：(010) 88254888，88258888。

质量投诉请发邮件至 zlts@phei.com.cn，盗版侵权举报请发邮件至 dbqq@phei.com.cn。

本书咨询联系方式：zhangdi@phei.com.cn。

前言

为何写作这本书

随着人工智能技术的发展，以无人车、无人机、无人潜航器和无人水面艇等为代表的无人系统开始代替人类从事各种场景中简单或者复杂的工作。

无人系统主要包括感知系统、决策系统和执行系统等。其中，感知系统通过安装在无人系统上的各种传感器对外界事物进行感知，如同无人系统的"眼睛"；决策系统则是无人系统的"大脑"，负责对外界及自身的各种事件和信息进行处理与判断；执行系统负责控制各个操作部件，负责对决策系统的各种指令进行响应并完成相应的任务。感知系统作为无人系统对内部以及外部信息进行响应及处理的首要环节，是无人系统不可或缺的一部分。无人系统最大的特点是没有人参与系统回路，没有了人的支持，无人系统的感知系统需要采用高效、精准的感知算法对目标进行检测与跟踪。

本书主要以无人车为应用对象，更多地从实验平台开发角度（而非学术研究角度）出发，详细介绍基于 Autoware 自动驾驶平台的无人车系统开发过程。本书编写的初衷是为了总结我们近年来在无人系统开发和实验方面的成果，向本领域初学者分享我们的一些经验，为推动我国无人系统的发展贡献绵薄之力。

如何阅读这本书

本书共 8 章，分为 4 部分。读者按照章节顺序进行学习，就可以逐渐掌握 Autoware 自动驾驶平台的操作使用方法。

第一部分：介绍 Autoware 自动驾驶平台和安装 Autoware 系统（第 1~2 章）。首先介绍了基于 Autoware 自动驾驶平台的无人驾控系统的背景、应用场景，以及 Autoware 系统的架构。之后介绍了如何安装 Ubuntu 系统、ROS 系统和 Autoware 系统。

第二部分：传感器配置部分（第 3 章），依次介绍了基于 Autoware 自动驾驶平台的相机配置、激光雷达、毫米波雷达，以及北云 RTK 定位板的配置。

第三部分：算法实践部分（第 4~7 章），依次介绍了 Autoware 自动驾驶平台下的感知模块、定位模块、路径规划模块和控制模块的使用。

第四部分：综合实验部分（第 8 章），主要介绍了如何在 Autoware 自动驾驶平台下完成基于 3D 激光雷达的无人车自主循迹实验。

致谢

首先感谢国家自然科学基金项目（61822311、62173305 和 62111530299）、浙江省自然科学基金重大项目（LD21F030002），以及重大横向项目：工程车智能网联化的关键技术研发与应用为本书提供资金支持。

感谢人机协作技术浙江国际科技合作基地、智能感知与系统教育部工程中心和浙江省嵌入式系统重点实验室为本书提供的研究条件支持。

感谢浙江工业大学控制科学与工程一级学科和浙江工业大学自动化系为本书提供的大力帮助。

本书由付明磊、张文安和何军强编著。另外，参与本书编写工作的还有来自浙江工业大学信息工程学院的刘彪、金锦峰、张哲、邵渊、陆新宇、金宇强、孙虎、卫宁伟、计志威、张逸婷、乐雨等，以及来自杭州鸿泉物联网技术股份有限公司的陈戗、王其超、李思琦等。

为了更好地帮助大家学习，随书资料包含了配套的软件安装包和镜像文件，读者可以登录华信教育资源网（http://www.hxedu.com.cn）免费注册后进行下载。

由于本书编写人员的水平有限，本书存在错误和不足之处，恳请各位读者原谅，并与我们联系。我们将严肃认真对待大家的批评和建议，进一步完善本书的内容。

编著者

目录

第 **1** 章

绪论

1.1 无人系统简介

无人系统是无人机、无人车、无人潜航器和无人水面艇等不同使用区域无人平台及配套设备的统称。无人系统"平台无人"的特性使其可以代替人执行"枯燥的、恶劣的、危险的、纵深的"任务，具有机动性强、适应能力强和生存能力高，以及无人员伤亡风险、制造和维护成本低等优点。

根据百度百科所给出的无人系统定义：无人系统由平台、任务载荷、指挥控制系统及天-空-地信息网络等组成，它是集系统科学与技术、信息控制科学与技术、机器人技术、航空技术、空间技术和海洋技术等一系列高新科学技术为一体的综合系统，多门类学科的交叉融合与综合是无人系统构建的基础。目前，典型的无人系统有无人车、无人机和无人艇等。图 1-1 所示为谷歌的无人车"萤火虫"，图 1-2 所示为大疆无人机 DJI MINI3 PRO，图 1-3 所示为"天行一号"无人艇。

图 1-1　谷歌的无人车"萤火虫"

图 1-2　大疆无人机 DJI MINI3 PRO

图 1-3　"天行一号"无人艇

1.2　无人车与自动驾驶

作为经典的无人系统，无人车技术包含了环境感知、系统定位、路径规划、底盘控制等技术。无人车技术涉及人工智能、计算机科学、传感器、移动机器人学、车辆工程等学科。现在，无人车技术使用的场景越来越广泛，如自动驾驶汽车、无人物流运输小车、无人仓库智能搬运机器人等。

随着人工智能技术的高速发展，无人系统与自动驾驶技术的关联日益紧密。自动驾驶汽车作为传统汽车工业与现代人工智能产业结合的实例，对目前的交通行业产生了深远的影响。自动驾驶技术在提高道路交通安全、便捷公众出行、提高出行效率、改善乘车体验等方面具有显著的优势。

自动驾驶技术已然是当下智能交通领域的研究热点之一，并且美国、日本、德国、英国等国家均为本国的自动驾驶技术发展颁布了相应的法律条文。美国交通运输部于2016 年 9 月 20 日颁布了《联邦自动驾驶汽车政策指南》，首次将自动驾驶汽车安全监管纳入联邦法律框架内，该政策强调安全性为第一准则。2020 年初，美国国家科学技术委员会和交通运输部发布了最新自动驾驶汽车准则 4.0（AV4.0），该准则明确提出美国应在自动驾驶领域保持领先地位，明确了自动驾驶的十大原则。德国在 2017 年就通过了《道路交通法第八修正案》，以修法方式对高度或完全自动驾驶技术进行概括性准入。根据该法案，L3 级的自动化系统可在某些条件下接管驾驶任务。2021 年 7 月，德国《自动驾驶法》正式生效。根据该法律，自 2022 年开始，德国允许自动驾驶汽车（L4 级）在公共道路上，以及指定区域内行驶。德国也由此成为全球首个允许无人驾驶车辆参与日常交通。

我国自改革开放以来，在经济迅速发展的同时，也在不断追求技术上的创新和科技上的进步，要将"中国制造"朝着"中国智造"上不断迈进。我国政府也出台了相关政策大力鼓励无人驾驶技术的发展。其中，2020 年国家发展改革委、中央网信办、科技部、工业和信息化部等 11 个部委联合发布《智能汽车创新发展战略》，明确指出到 2025 年实现有条件自动驾驶的智能汽车达到规模化生产，实现高度自动驾驶的智能汽车在特定环境下市场化应用，2035—2050 年，中国标准智能汽车体系全面建成、更加完善。同时，国内众多企业、高校积极响应国家号召，为中国自动驾驶领域的技术发展贡献出自己的一份力量。

根据国际自动机工程师学会所定义的自动驾驶分级标准 SAE J3016，自动驾驶技术可以划分为 L0~L5 等级，如图 1-4 所示。其中，L0~L2 级，大部分场景下均需要人工参与到驾驶环节上；L3 级属于一个分界层级，将自动驾驶分为辅助驾驶和自动驾驶；L5 级为自动驾驶的最高等级，完全由自动驾驶系统负责操控汽车。目前，我国的自动驾驶技术处于 L2 等级，仍然需要大力发展自动驾驶技术。

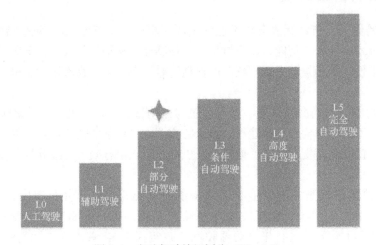

图 1-4　自动驾驶等级划分（L0~L5）

1.3　主流的自动驾驶平台

在自动驾驶中，为了更好地感知外界复杂多变的环境，需要使用多个传感器来收集数据，并实时处理数据，最终完成对车辆的精准定位，以及对当前环境的准确感知。上述的感知、计算、决策等工作可以集成到自动驾驶软件中完成，本书均在开源框架 Autoware 自动驾驶平台上完成工程的开发与实践。除了 Autoware 自动驾驶平台，目前比较知名的自动驾驶软件还有百度的 Apollo 自动驾驶平台、谷歌的 Waymo 自动驾驶软件、英伟达的 Drive 自动驾驶软件等。

国内的自动驾驶软件中，百度起步较早。早在 2013 年，百度内部启动了无人车项目，并于 2017 年推出了 Apollo 计划。百度的 Apollo 自动驾驶平台基于 CyberRT 中间层，更加注重隐私保护，图 1-5 所示为百度的 Apollo 自动驾驶平台。

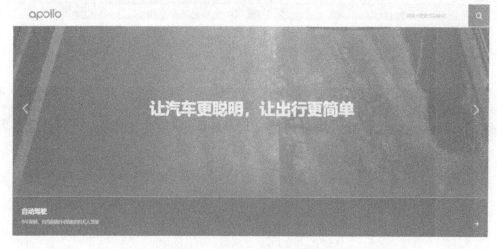

图 1-5　百度的 Apollo 自动驾驶平台

谷歌的无人驾驶项目于 2009 年正式启动。2016 年，谷歌公司专门成立子公司 Waymo，负责无人驾驶项目的研发与应用。2018 年，Waymo 首次推出了自动驾驶出租车服务，并在 2020 年秋将安全员从车中撤走。这是全球首次向公众开放的完全无人驾驶出租车，如图 1-6 所示为 Waymo 自动驾驶出租车。

英伟达公司也推出了 Drive 自动驾驶软件，Drive 自动驾驶软件可以处理来自摄像头、普通雷达和激光雷达传感器的数据，以感知周围环境，在地图上确定汽车的位置，以及规划和执行安全的行车路线。这款 AI 平台外形紧凑、节能高效，支持自动驾驶、座舱功能和驾驶员监控，以及其他安全功能，图 1-7 所示为 Drive 自动驾驶软件。

图 1-6　Waymo 自动驾驶出租车

图 1-7　Drive 自动驾驶软件

Autoware 自动驾驶平台基于 ROS 操作系统，代码可重复性高，学习起来更容易上手，更加适合初学者，代码在 Github 上面为全开源状态，可以直接安装使用。此外，

Autoware 自动驾驶平台考虑了更多的嵌入式系统。

本书选择在 Autoware 自动驾驶平台上对自动驾驶等一系列问题进行了研究和讨论，图 1-8 所示为 Autoware 自动驾驶平台。

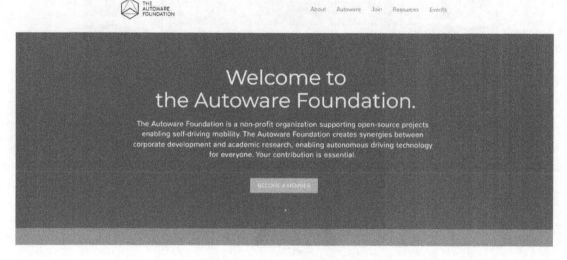

图 1-8　Autoware 自动驾驶平台

1.4　Autoware 自动驾驶平台框架

Autoware 是世界上第一个用于自动驾驶汽车的 "All-in-One" 开源软件。Autoware 的开源算法最初是由名古屋大学的客座副教授、东京大学的副教授加藤真平在 2015 年首次提出的。Autoware 自动驾驶平台基于 ROS 操作系统，并在 Apache2.0 许可下使用。目前，Autoware 自动驾驶平台已经更新到 1.14 版本，其集成了丰富的自动驾驶模块，分别为传感器、算法和驱动三个部分，如图 1-9 所示。其中，传感器部分的主要功能是读取相机、雷达、GPS/GNSS 和 IMU 等外界传感器的感知数据；算法部分包括感知、决策和路径规划三个功能；驱动部分将会直接控制车辆的运行。

1. 传感器部分

Autoware 自动驾驶平台将相机、雷达、GPS/GNSS 和 IMU 作为主要传感器，如图 1-10 所示。

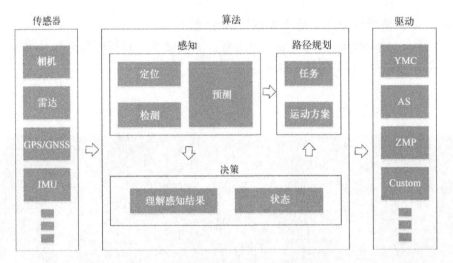

图 1-9　Autoware 自动驾驶平台的结构框架

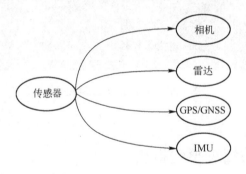

图 1-10　传感器配置部分

　　当支持多个相机时，在配置过程中需要将这些相机在 Autoware 自动驾驶平台中单独配置。在 Autoware 自动驾驶平台中，每个相机分开管理，以便执行不同的任务，如物体检测和交通信号灯识别等。此外，Autoware 自动驾驶平台不支持将不同相机图像合成一个图像；在 Autoware 自动驾驶平台中，可以组合使用多台雷达扫描仪，以此来提供丰富的融合点云数据，实现更精准的目标检测、跟踪和定位；GPS/GNSS 接收器通常会通过串行接口生成符合 NMEA 标准的文本字符串，Autoware 自动驾驶平台完全支持这些字符串。目前，几乎所有的 GPS/GNSS 产品都将与 Autoware 自动驾驶平台现有的 nmea2tfpose 节点兼容。Autoware 自动驾驶平台中还没有独立的 IMU 模块适配，因为在不使用 IMU 的情况下，通过基于 SLAM 算法的 3D 地图和里程计定位已经足够可靠。但是，由于 IMU 在某些场景中仍然有用，因此 Autoware 自动驾驶平台支持将 IMU 驱动程序和数据集成到本地模块中。

2. 算法部分

Autoware 自动驾驶平台中的算法部分包括大量的算法，是 Autoware 自动驾驶平台的核心。算法部分包括感知、决策和路径规划三大功能，如图 1-11 所示。

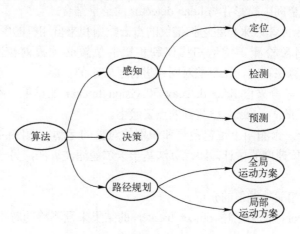

图 1-11 算法部分的三大功能

1）感知功能

算法部分中的感知功能由定位、检测和预测三个模块组成。其中，定位是通过 3D 地图和 SLAM 算法结合 GPS/GNSS 与 IMU 传感器实现的；检测是通过使用带有传感器融合算法和深度神经网络的相机与雷达实现的；预测则是基于定位和检测的结果。

（1）定位模块中相关功能包的介绍。

① lidar_localizer：使用来自雷达的扫描数据和预安装的 3D 地图信息计算自我车辆在全局坐标中的位置(x, y, z, roll, pitch, yaw)。Autoware 自动驾驶平台推荐雷达扫描与 3D 地图匹配的 NDT 算法，同时也支持 ICP 算法。

② gnss_localizer：将来自 GPS/GNSS 接收器的 NMEA 消息转换为位置信息(x, y, z, roll, pitch, yaw)。这个结果既可以单独作为车辆的位置，又可以用作初始化和补充 lidar_localizer 的结果。

③ dead_reckoner：主要使用 IMU 传感器预测车辆下一步的位置，并插入 lidar_localizer 和 gnss_localizer 计算后的结果。

（2）检测模块中相关功能包的介绍。

① lidar_detector：从雷达扫描仪读取点云数据，并且提供基于雷达的物体检测功能。基本原理来自欧几里得聚类算法，该算法在地面上找到雷达扫描（点云）的聚类。为了对聚类进行分类，还可以使用基于深度神经网络的算法，如 VoxelNet 和 LMNet 算法。

② vision_detector：从相机读取图像数据，并提供基于图像的检测功能。其中，主要算法包括 R-CNN、SSD 和 Yolo 算法。这些算法支持多类别检测，如汽车和乘客。

③ vision_tracker：为 vision_detector 的结果提供了跟踪功能。在图像平面上跟踪的结果通过 fusion_tools 在 3D 空间中投影并与 lidar_detector 的结果结合。

④ fusion_detector：读取来自雷达扫描仪的点云数据和来自相机的图像数据，并在 3D 空间中实现更准确的对象检测。雷达扫描仪和相机的位置必须提前校准。当前的实现基于 MV3D 算法，与原始算法相比，该算法对网络进行了较小的扩展。

⑤ fusion_tools：结合来自 lidar_detector 和 vision_tracker 的结果，由 vision_detector 识别的类信息被添加到由 lidar_detector 检测到的点云簇中。

⑥ object_tracker：预测由上述包检测和识别的对象的运动。跟踪的结果可以进一步用于物体行为的预测和物体速度的估计。跟踪算法基于卡尔曼滤波算法，另一种变体也支持粒子滤波算法。

（3）预测模块中相关功能包的介绍。

① object_predictor：使用上述 object_tracker 的结果来预测移动对象（如汽车和乘客）的未来轨迹。

② collision_predictor：使用 object_predictor 预测的结果来预测车辆是否涉及与移动物体的可能碰撞。除了目标跟踪的结果，还需要将自我车辆的航路点轨迹和速度信息作为输入数据。

③ cutin_predictor：使用 object_predictor 预测的结果来预测相邻的汽车是否将来会切入车辆前方道路中。

2）决策功能

算法部分中的决策功能跨越了感知和路径规划功能。根据感知的结果，Autoware 自动驾驶平台决定当前的驾驶行为，从而可以选择合适的规划函数。decision_maker 通过订阅大量与感知结果、地图信息和当前状态相关的主题，以便发布下一时刻的状态主题；state_machine 在预定义的规则内更改状态，以便与 decision_maker 协调。

3）路径规划功能

算法部分中的路径规划功能的作用是根据感知和决策的结果制定全局运动方案与局部运动方案。全局运动方案通常在自我车辆启动或重新启动时确定，而局部运动方案则根据车辆状态的变化进行更新。例如，如果将车辆的状态设置为"停止"，则车辆的速度计划在具有安全裕量的物体前面或停止线处变为零。另一个例子是，如果将车辆的状态设置为"避障"，则车辆的轨迹计划绕过障碍物。路径规划功能由任务和运动两个模块组成。

（1）任务模块中相关功能包的介绍。

① route_planner：搜索到目的地的全局路线，确定与 route_planner 发布的路线一致的车道。

② waypoint_planner：用于生成到目的地的一组航路点。这个包与 lane_planner 的不同之处在于它发布了一个航路点，而不是一个航路点数组。

③ waypoint_maker：用于保存和加载手工制作的航路点。可以将航路点保存到指定文件，并且 Autoware 自动驾驶平台会使用速度信息记录行驶路径的航路点。记录的航路点可以稍后从指定的文件加载，以使路径规划订阅它们以遵循该路径。

（2）运动模块中相关功能包的介绍。

① velocity_planner：更新从 lane_planner、waypoints_planner 或 waypoints_maker 订阅的航路点上的速度信息。注意，嵌入在给定航路点中的速度信息是静态的，而该包会根据驾驶场景更新速度计划。

② astar_planner：采用 Hybrid-State A*搜索算法，生成从当前位置到指定位置的可行轨迹。

③ adas_lattice_planner：采用 State Lattice 规划算法，主要用于车辆的避障和变道。

④ waypoint_follower：采用 Pure Pursuit 算法，生成一组线速度和角速度，以通过均匀的圆周运动将车辆移动到给定航路点上的目标航路点。此包应与 velocity_planner、astar_planner 和/或 adas_lattice_planner 结合使用。公布的线速度和角速度（或仅角度）组将由车辆控制器或线控接口读取，最后自动控制车辆。

3．驱动部分

最后是 Autoware 自动驾驶平台驱动部分的介绍，算法部分的输出结果是一组速度、角速度、车轮角度和曲率，这些信息将作为命令通过车辆接口发送到线控控制器。线控控制器负责方向角度和油门的改变。

参 考 文 献

[1] 牛轶峰，朱华勇，安向京，等. 无人系统技术发展研究[C]. 2010-2011 控制科学与工程学科发展报告，2011：178-187，241-242.

[2] 国外这些年是如何规范自动驾驶的？[EB/OL]. [2022-07-25].

[3] 德国或将出台自动驾驶汽车新法规，产业法律框架日益完善 [EB/OL]. [2022-07-25].

[4] 李彦宏. 智能交通——影响人类未来 10～40 年的重大变革[M]. 北京：人民出版社，2021.

第 2 章

Autoware 自动驾驶平台的安装

本章将介绍 Autoware 自动驾驶平台的安装步骤，分别是 ROS 的安装、Docker 的安装，以及 Autoware 系统的安装与配置。在此之前，请读者提前安装 Ubuntu18.04 操作系统。

2.1 ROS 的安装

1. 设置安装源

我们可以在 Ubuntu18.04 操作系统的终端中运行以下指令，设置官方默认的安装源：

```
    sudo sh -c 'echo "deb http://packages.ros.org/ros/ubuntu $(lsb_release-
sc) main" > /etc/apt/sources.list.d/ros-latest.list'
```

或者在终端中运行以下指令，设置来自清华大学的安装源：

```
    sudo sh -c '. /etc/lsb-release && echo "deb http://mirrors.tuna.tsinghua.
edu.cn/ros/ubuntu/ 'lsb_release -cs' main" > /etc/apt/sources.list.d/ros-latest.list'
```

或者在终端中运行以下指令，设置来自中国科学技术大学的安装源：

```
        sudo sh -c '. /etc/lsb-release && echo "deb http://mirrors.ustc.edu.cn/ros/
ubuntu/ 'lsb_release -cs' main" > /etc/apt/sources.list.d/ros-latest.list'
```

2. 设置 key

我们可以在终端中运行以下指令，设置安装 ROS 的 key：

```
        sudo apt-key adv --keyserver 'hkp://keyserver.ubuntu.com:80' --recv-
key C1CF6E31E6BADE8868B172B4F42ED6FBAB17C654
```

3. 安装

（1）在终端中运行以下指令更新 apt。

```
        sudo apt update
```

其中，apt 是用于从互联网仓库搜索、安装、升级、卸载软件或操作系统的工具。

（2）安装对应类型的 ROS。

ROS 有多个类型，即 Desktop-Full、Desktop、ROS-Base，通常我们使用 Desktop-Full 版安装。具体操作为在终端中运行以下指令：

```
        sudo apt install ros-melodic-desktop-full
```

如果 ROS 版本是 Ubuntu16.04，将以上指令的 melodic 改为 kinetic 即可；如果 ROS 版本是 Ubuntu20.04，则将以上指令的 melodic 改为 noetic 即可。通常，由于网络原因，可能会导致连接超时，可能会安装失败，此时可以多次重复调用更新和安装命令，直至成功为止。

4. 配置环境变量

我们需要配置 ROS 的环境变量，以便在任意终端中使用 ROS。具体操作为在终端中运行以下指令：

```
        echo "source /opt/ros/melodic/setup.bash" >> ~/.bashrc
        source ~/.bashrc
```

5. 安装构建依赖项

（1）在终端中运行以下指令，安装构建依赖的相关工具：

```
        sudo apt install python-rosdep python-rosinstall python-rosinstallgenerat-
or python-wstool build-essential
```

（2）在终端中运行以下指令，初始化 rosdep：

```
sudo rosdep init
rosdep update
```

此处可能会出现如图 2-1 所示的错误，这是由于境外资源被屏蔽导致的。

```
zjut@zjut-ZHENGJIUZHE-REN9000K-34IMZ:~$ sudo rosdep init
ERROR: cannot download default sources list from:
https://raw.githubusercontent.com/ros/rosdistro/master/rosdep/sources.list.d/20-
default.list
Website may be down.
```

图 2-1　初始化 rosdep 异常

为了解决以上错误，我们首先需要在终端中运行以下指令：

```
sudo gedit /usr/lib/python2.7/dist-packages/rosdistro/__init__.py
```

其次需要将 **__init__.py** 文件的 DEFAULT_INDEX_URL 用“#”进行注释，最后在下一行添加如图 2-2 中所示的内容。

```
# index information

#DEFAULT_INDEX_URL = 'https://raw.githubusercontent.com/ros/rosdistro/master/index-v4.yaml'
DEFAULT_INDEX_URL = 'file:///etc/ros/ros_github/index-v4.yaml'
```

图 2-2　修改 DEFAULT_INDEX_URL 注释

（3）将本机/etc/ros 里面的文件改为“附件一. 文件夹”里面所提供的 ros 文件夹里的文件。

（4）在终端执行 rosdep update 命令。如果 rosdep 初始化与更新的打印结果如图 2-3 所示，则代表 ROS 安装成功。

```
hxy@hxy-Lenovo-XiaoXin-700-15ISK:~$ rosdep update
reading in sources list data from /etc/ros/rosdep/sources.list.d
Hit file:///etc/ros/ros_github/osx-homebrew.yaml
Hit file:///etc/ros/ros_github/base.yaml
Hit file:///etc/ros/ros_github/python.yaml
Hit file:///etc/ros/ros_github/ruby.yaml
Hit file:///etc/ros/ros_github/fuerte.yaml
Query rosdistro index file:///etc/ros/ros_github/index-v4.yaml
Skip end-of-life distro "ardent"
Skip end-of-life distro "bouncy"
Skip end-of-life distro "crystal"
Add distro "dashing"
Add distro "eloquent"
Add distro "foxy"
Skip end-of-life distro "groovy"
Skip end-of-life distro "hydro"
Skip end-of-life distro "indigo"
Skip end-of-life distro "jade"
Add distro "kinetic"
Skip end-of-life distro "lunar"
Add distro "melodic"
Add distro "noetic"
Add distro "rolling"
updated cache in /home/hxy/.ros/rosdep/sources.cache
```

图 2-3　rosdep 初始化与更新的打印结果

2.2　Docker 的安装

（1）在 Ubuntu18.04 终端中依次运行以下指令，进行 Docker 的安装：

```
sudo apt-get update
sudo apt-get install \
  apt-transport-https \
  ca-certificates \
  curl \
  gnupg-agent \
  software-properties-common
curl -fsSL https://download.docker.com/linux/ubuntu/gpg | sudo apt-key add -
 sudo add-apt-repository \
  "deb [arch=amd64] https://download.docker.com/linux/ubuntu \
  $(lsb_release -cs) \
  stable"
sudo apt-get update
 sudo apt-get install docker-ce docker-ce-cli containerd.io
```

（2）在终端中运行以下指令，验证 Docker 是否安装成功：

```
sudo docker run hello-world
```

如果出现如图 2-4 所示的内容，则代表 Docker 安装成功。

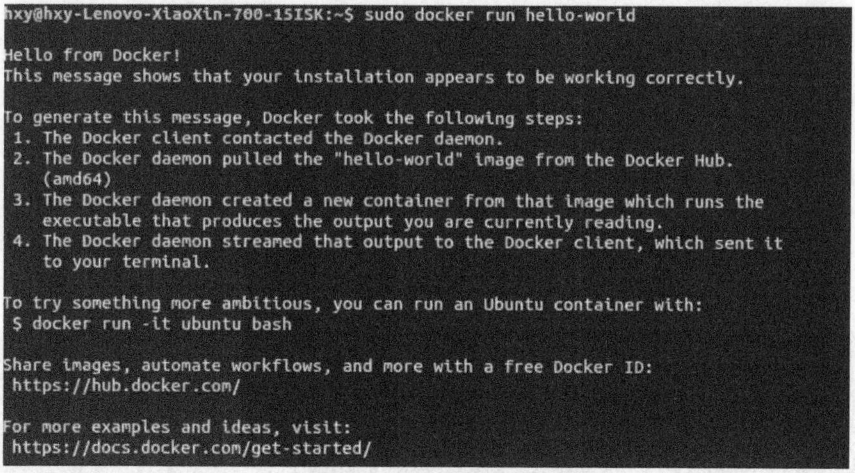

图 2-4　Docker 安装成功

（3）添加当前用户到 Docker 用户组。

① 列出自己的用户组，确认自己是否在 Docker 组中，在终端中运行以下指令：

```
groups
```

② 如果不在 Docker 组中，在终端运行以下指令，新增 Docker 组：

```
sudo groupadd docker
```

③ 在终端中运行以下指令，将当前用户加入 Docker 组中：

```
sudo gpasswd -a ${USER} docker
```

在将当前用户加入 Docker 组中时，可能会出现如下所示的问题：

```
    Got permission denied while trying to connect to the Docker daemon
socket at unix:///var/run/docker.sock: Get "http://%2Fvar%2Frun%2Fdocker. sock/v1.24/
containers/json": dial unix /var/run/docker.sock: connect: permission denied
```

解决方案为在终端运行以下指令：

```
    sudo gpasswd -a hxy docker
    newgrp docker
```

其中，hxy 是 Linux 系统的用户名。至此，Docker 安装成功。

2.3　Autoware 系统的安装与配置

2.3.1　安装 protainer

（1）在终端中运行以下指令，从 docker hub 中查找镜像：

```
docker search portainer|head -n 3
```

终端上的具体操作如图 2-5 所示。

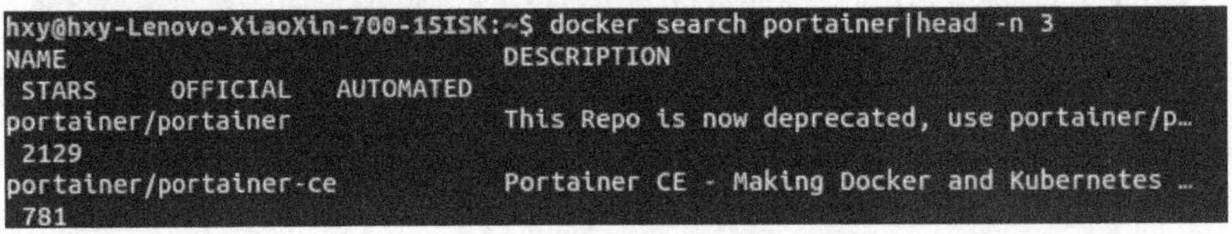

图 2-5　从 docker hub 中查找镜像

（2）在终端中运行以下指令，从 docker hub 中下载 portainer-1.24.1 版本的镜像：

```
docker pull portainer/portainer:1.24.1
```

终端上的具体操作如图 2-6 所示。

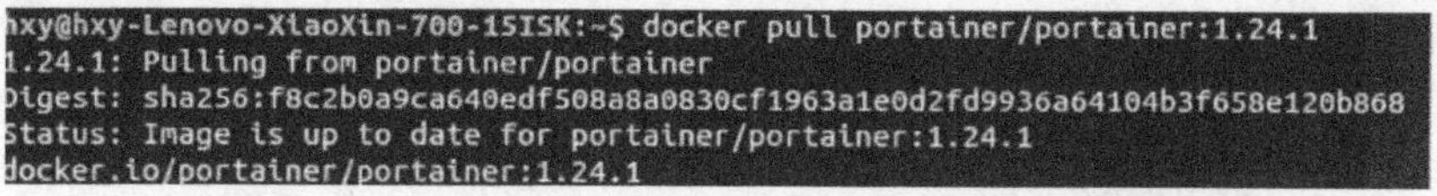

hxy@hxy-Lenovo-XiaoXin-700-15ISK:~$ docker pull portainer/portainer:1.24.1
1.24.1: Pulling from portainer/portainer
Digest: sha256:f8c2b0a9ca640edf508a8a0830cf1963a1e0d2fd9936a64104b3f658e120b868
Status: Image is up to date for portainer/portainer:1.24.1
docker.io/portainer/portainer:1.24.1

图 2-6　从 docker hub 中下载 portainer-1.24.1 版本的镜像

（3）在终端中运行以下指令，创建并运行 portainer 容器：

```
docker run -d -p 9000:9000 --restart=always -v/var/run/docker.sock:
/var/run/docker.sock --name portainer portainer/portainer:1.24.1
```

终端上的具体操作如图 2-7 所示。

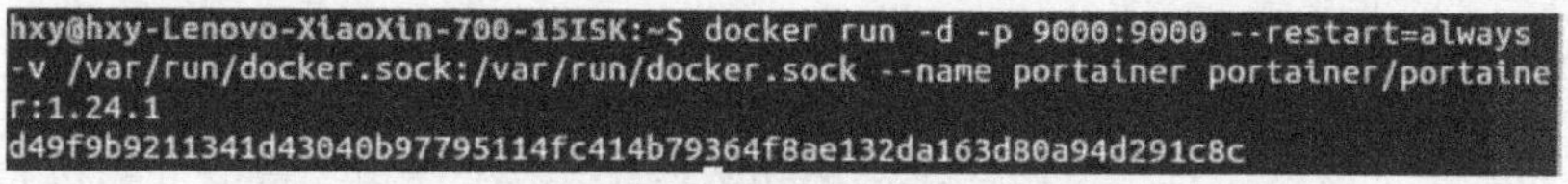

hxy@hxy-Lenovo-XiaoXin-700-15ISK:~$ docker run -d -p 9000:9000 --restart=always
-v /var/run/docker.sock:/var/run/docker.sock --name portainer portainer/portaine
r:1.24.1
d49f9b9211341d43040b97795114fc414b79364f8ae132da163d80a94d291c8c

图 2-7　创建并运行 portainer 容器

（4）在浏览器中访问 **http://localhost:9000**，本机访问使用 localhost，其他机器访问使用 portainer 所在机器的 IP 地址。例如，portainer 所在机器的 IP 地址为 192.168.5.10，浏览器访问 **http://192.168.5.10:9000**，此时即可看到如图 2-8 所示的界面。在该界面中，输入 2 次相同的密码，单击“Create user”按钮，创建管理员用户。

portainer.io
Please create the initial administrator user.
Username
admin
Password
Confirm password
The password must be at least 8 characters long
Create user

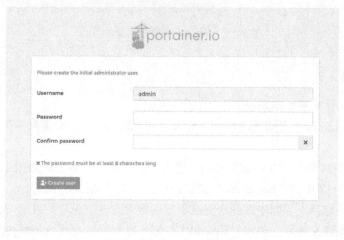

图 2-8　“portainer.io”界面

（5）如图 2-9 所示，在弹出的界面中选择 "Local" 并单击"Connect"按钮。

图 2-9   选择 "Local" 并单击"Connect"按钮

至此，portainer 已经运行，可以用于管理和监控 Docker 容器。同时，可以看到端点上容器、镜像、卷、网络等摘要信息，最终界面如图 2-10 所示。

图 2-10   portainer 安装后的最终界面

2.3.2   导入镜像

导入镜像的具体步骤如下所示。

（1）单击 portainer 左侧菜单中的"Images"选项，进入"镜像列表"界面，如图 2-11 所示。

（2）单击图 2-11 中的"Import"按钮，进入"镜像导入"界面，如图 2-12 所示。

（3）单击图 2-12 中的"Select file"按钮，进入"文件选择"界面。

（4）在"文件选择"界面中选择事先准备好的镜像文件，见"附件二.文件夹"。

（5）选择好镜像文件后，单击"Upload"按钮，提示"Images uploading in progress"。

图 2-11　"镜像列表"界面（1）

图 2-12　"镜像导入"界面

（6）等待镜像文件上传完成。当其上传完成后，则会提示"Image Successfully Uploaded"。

（7）单击"Images"按钮，返回"镜像列表"界面。如图 2-13 所示，在该界面中可以看到导入的镜像。

例如，这里我们导入的镜像为 hqautoware-v0.4_210518.tar:latest，此时在 Images 中已经可以看到，同时在这里要记住导入镜像的"Tags"（在后面创建容器时会用到）。

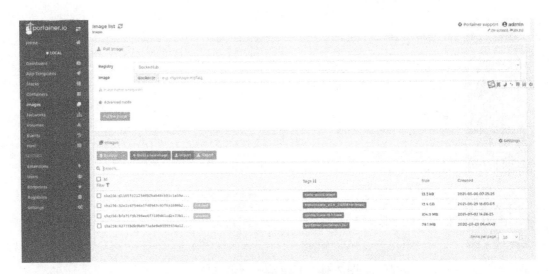

图 2-13　"镜像列表"界面（2）

2.3.3　创建容器

创建容器的具体步骤如下所示。

（1）单击 portainer 左侧菜单中的"Containers"选项，进入"Containers"界面。如图 2-14 所示，在该界面中可以看到容器列表，以及与容器相关的操作，如 Start、Stop、Kill、Restart、Pause、Resume、Remove、Add container。

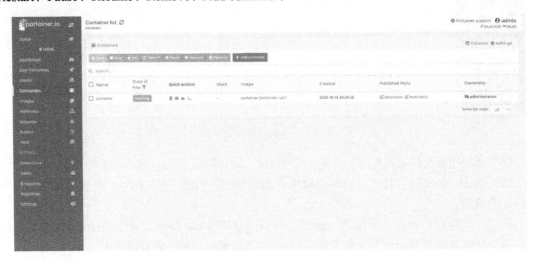

图 2-14　"Containers"界面

（2）单击图 2-14 中的"Add container"按钮，创建 Autoware 容器。

（3）指定容器名和使用的镜像。其中，对于"Name:container"，即容器名，这里我们约定以"姓名缩写+下画线+auto+下画线+说明"的形式命名；对于"Image:container"，即使用的镜像，此处输入前面导入镜像的"Tags"即可，如图 2-15 所示。

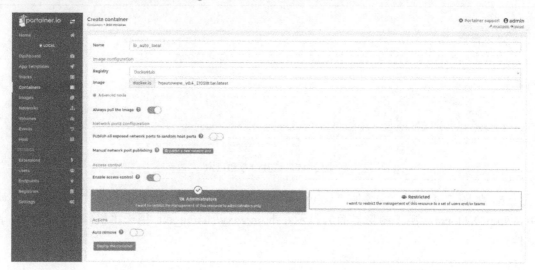

图 2-15　指定容器名和使用的镜像

（4）如图 2-16 所示，单击"Manual network port publishing"后的"publish a new network port"对容器的以下端口进行映射。其中，22、3389、9090、11311 端口选择 TCP 协议；2368、2369 端口选择 UDP 协议。端口 22 用于 ssh 登录；端口 3389 用于远程桌面；端口 9090 用于 LGSVL Simulator 仿真；端口 11311 是 ROS Master 服务端口，可用于分布式调试；端口 2368、2369 用于镭神激光雷达（端口号固定，且同一台 host 只能有一对）。

Manual network port publishing						
host	12322	→	container	22	TCP	UDP
host	13389	→	container	3389	TCP	UDP
host	9090	→	container	9090	TCP	UDP
host	11311	→	container	11311	TCP	UDP
host	2368	→	container	2368	TCP	UDP
host	2369	→	container	2369	TCP	UDP

图 2-16　端口映射

（5）如图 2-17 所示，对命令和日志做如下修改：

```
·Entry Point:/tmp/entrypoint.sh
·User:root
·Console:Interactive & TTY(-i -t)
```

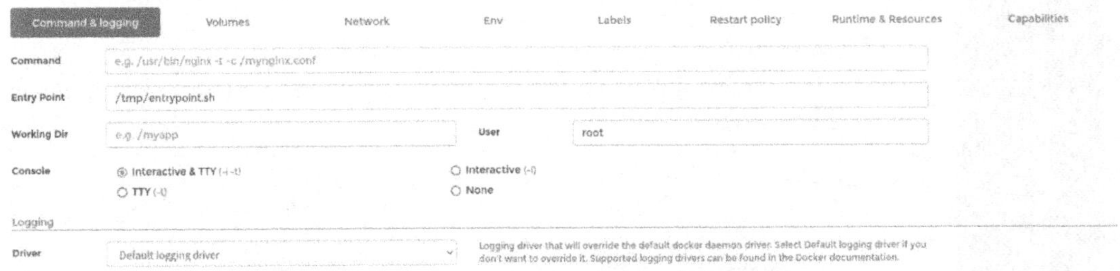

图 2-17　修改命令和日志

（6）如图 2-18 所示，增加"Volumes"映射，将其设置成"Bind"和"Writable"。其中，/tmp/.X11-unix 用于图形界面的显示，/home/hxy/shared_dir 用于主机跟容器间的共享文件。

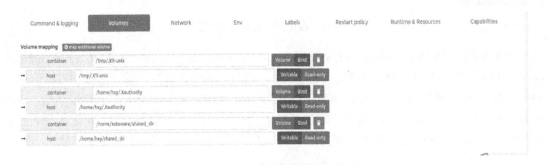

图 2-18　增加"Volumes"映射

（7）如图 2-19 所示，设置网络类型，即设置"Network"为"bridge"。这是因为只有 bridge 类型的网络才支持端口映射。"hostname"可自定义。

（8）如图 2-20 所示，依次设置 XAUTHORITY、DISPLAY、USER_ID、PATH、LANG、LC_ALL、ROS_DISTRO、USERNAME、PULAE_SERVER 变量。需要注意的是，为了让容器在主机中显示图形界面，环境变量 DISPLAY 必须为 0，PATH 环境变量设置为/usr/local/sbin:/usr/local/bin:/usr/sbin:/usr/bin:/sbin:/bin。

图 2-19　设置网络类型

图 2-20　相关变量的设置

（9）如图 2-21 所示，单击"Privileged mode"，开启特权模式，这样容器才能访问外围设备。

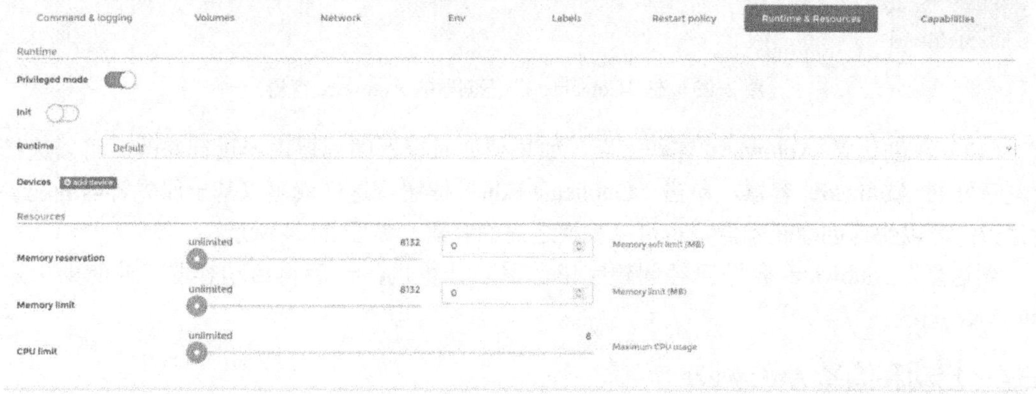

图 2-21　开启特权模式

（10）如图 2-22 所示，单击"Deploy the container"按钮，部署容器。

图 2-22   部署容器

（11）弹出提示"Deployment in progress..."，这里需要等待一段时间。完成后可以在"Containers"下看到创建的 Autoware 容器，如图 2-23 所示。

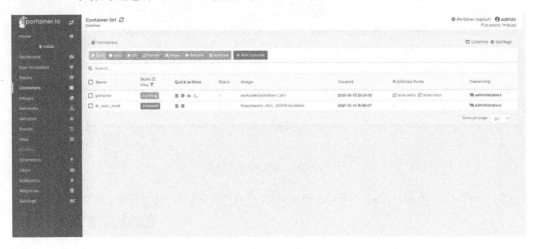

图 2-23   在"Containers"下创建的 Autoware 容器

（12）在创建完 Autoware 容器之后，如果想要对容器的部署内容进行修改。可以选择已经创建好的 Autoware 容器，单击"Duplicate/Edit"按钮，这样就可以基于原先容器的配置进行修改，可以快速创建新容器，也可以替换之前的容器，如图 2-24 所示。

到这里，Autoware 容器已经创建完毕。重启计算机，然后再启动容器，此时即可进入 Autoware 系统。

2.3.4   启动和编译 Autoware

启动和编译 Autoware 的具体步骤如下所示。

图 2-24 基于原先容器的配置进行修改

（1）在终端中依次运行以下指令，用 docker exec 登录到容器，入口用/tmp/entrypoint.sh：

```
docker start lb_auto_local
docker exec -it lb_auto_local  /tmp/entrypoint.sh
```

终端中的具体操作如图 2-25 所示。

```
hxy@hxy-Lenovo-XiaoXin-700-15ISK:~$ docker start lb_auto_local
lb_auto_local
hxy@hxy-Lenovo-XiaoXin-700-15ISK:~$ docker exec -it lb_auto_local /tmp/entrypoin
t.sh
 * Restarting OpenBSD Secure Shell server sshd                    [ OK ]
 * Restarting Remote Desktop Protocol server
[20211014-07:49:29] [DEBUG] Testing if xrdp can listen on 0.0.0.0 port 3389.
[20211014-07:49:29] [DEBUG] Closed socket 6 (AF_INET6 :: port 3389)
                                                                 [ OK ]
autoware@autoware:/home/autoware$
```

图 2-25 用 docker exec 登录到容器

（2）从图 2-25 中可以看到，我们已经进入 Autoware 当中。需要注意的是，在第一次使用时，需要编译一下 Autoware。具体操作为在终端运行以下指令：

```
colcon build --cmake-args -DCMAKE_BUILD_TYPE=Release
```

上述完全编译通常耗时比较长，因此，在终端中运行以下指令：

```
colcon build --cmake-args -DCMAKE_BUILD_TYPE=Release --paths src/ drivers/
awf_drivers/yhs
```

可以单独编译 Autoware，这里以底盘驱动程序为例。

终端中的具体操作如图 2-26 所示。

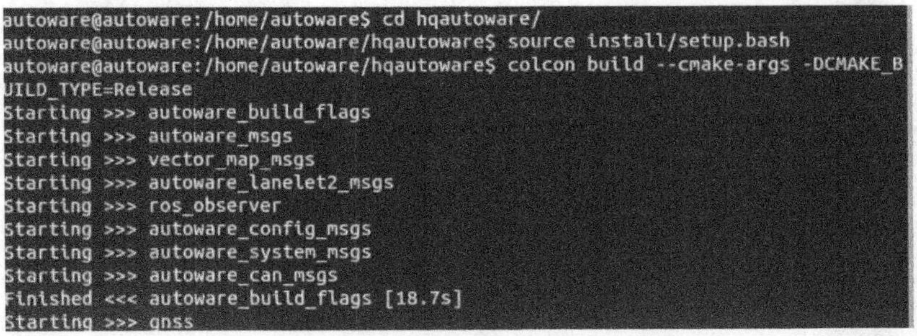
autoware@autoware:/home/autoware$ cd hqautoware/
autoware@autoware:/home/autoware/hqautoware$ source install/setup.bash
autoware@autoware:/home/autoware/hqautoware$ colcon build --cmake-args -DCMAKE_B
UILD_TYPE=Release
Starting >>> autoware_build_flags
Starting >>> autoware_msgs
Starting >>> vector_map_msgs
Starting >>> autoware_lanelet2_msgs
Starting >>> ros_observer
Starting >>> autoware_config_msgs
Starting >>> autoware_system_msgs
Starting >>> autoware_can_msgs
Finished <<< autoware_build_flags [18.7s]
Starting >>> gnss

图 2-26 编译整个 Autoware

（3）启动 Autoware 的“Runtime Manager”（于 autoware）界面。在终端运行以下指令：

```
roslaunch runtime_manager runtime_manager.launch
```

最终可以获得如图 2-27 所示的界面。

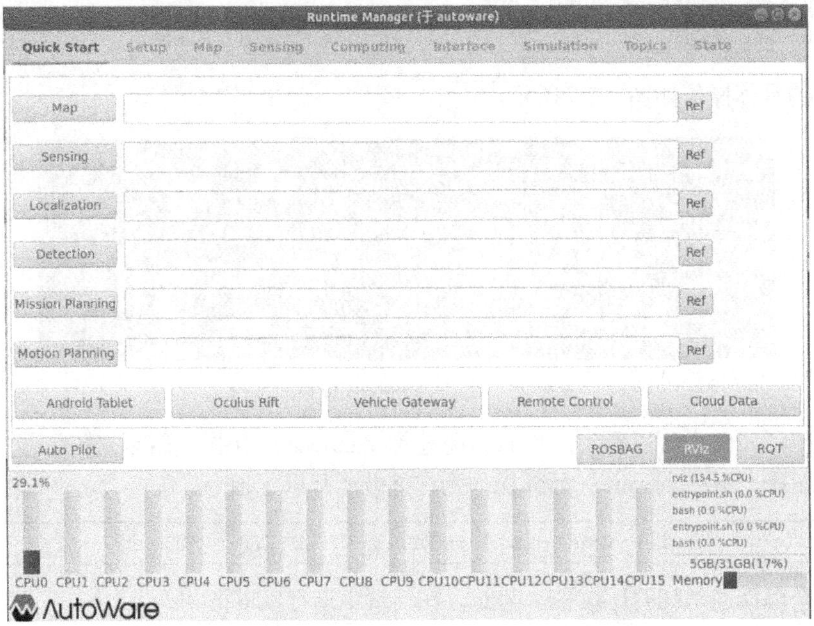
Runtime Manager (于 autoware)
Quick Start
Setup
Map
Sensing
Computing
Interface
Simulation
Topics
State
Map
Ref
Sensing
Ref
Localization
Ref
Detection
Ref
Mission Planning
Ref
Motion Planning
Ref
Android Tablet
Oculus Rift
Vehicle Gateway
Remote Control
Cloud Data
Auto Pilot
ROSBAG
RViz
RQT
29.1%
CPU0 CPU1 CPU2 CPU3 CPU4 CPU5 CPU6 CPU7 CPU8 CPU9 CPU10 CPU11 CPU12 CPU13 CPU14 CPU15
5GB/31GB(17%)
Memory
AutoWare

图 2-27 “Runtime Manager”（于 autoware）界面

至此，我们完成了 Autoware 系统的安装。

第 3 章

传感器的配置

本章将介绍如何在 Autoware 自动驾驶平台中对各种传感器进行配置。不论读者使用的传感器型号和我们使用的是否完全一致，我们的配置方法都具有一定的借鉴意义。

3.1 相机简介

人类在驾驶过程中所接收的信息大多来自视觉，如交通标志、道路标志、交通信号等，这些视觉信息成为驾驶员控制车辆的主要决策依据。在自动驾驶中，相机取代人类视觉系统作为交通环境感知的传感器之一，相较于其他传感器视觉传感器具有安装与使用方便、获取的图像信息量大、投入成本低、作用范围广等特点。

3.1.1 相机的工作原理

1. 针孔相机模型

通过相机拍摄图像，可以将 3D 世界投影成 2D 图像，因此我们可以把相机模型看作一个从 3D 空间到 2D 空间的映射。下面我们介绍最简单的相机模型——小孔成像模型。

小孔成像模型由光心、光轴和成像平面几个部分组成，且假设所有成像过程都满足光的直线传播条件。根据光的直线传播理论，空间中的物点反射光经过光心后，投影到平面形成一个倒立的像点。虽然作为理想的成像模型，小孔成像的物理性质极佳，但是实际的相机光学系统中大多是由透镜组成的，在透镜成像中需要满足以下条件：

$$\frac{1}{f} = \frac{1}{u} + \frac{1}{v} \tag{3-1}$$

其中，f 表示透镜的焦距，u 表示物距，v 表示像距。

2. 相机成像系统坐标系

相机成像系统主要有 4 个坐标系，如下所示。

（1）世界坐标系：使用者定义的三维世界坐标系，用于描述目标在真实世界中的位置，单位为 m。

（2）相机坐标系：以相机为中心建立的坐标系，用于描述目标在相机下的坐标位置，作为沟通世界坐标系和图像/像素坐标系的中间一环，单位为 m。

（3）图像坐标系：该坐标系可用于描述目标在图像坐标系和相机坐标系之间的投影关系，可进一步计算相机坐标系到像素坐标系的变换，单位为 m。

（4）像素坐标系：用于描述现实中目标在相机成像的像素上的坐标，其表示方法为像素在横纵轴上的个数，因此单位为个。

如图 3-1 所示，上述 4 个坐标系之间有如下关系：世界坐标系通过平移和旋转得到相机坐标系，相机坐标系通过成像模型中的相似三角形原理得到图像坐标系，图像坐标系通过平移和缩放得到像素坐标系。

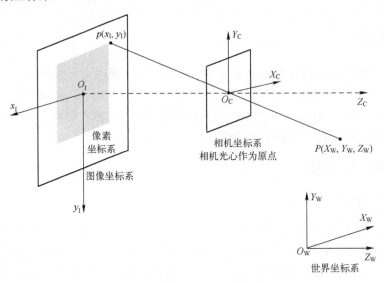

图 3-1　相机成像系统中 4 个坐标系之间的关系

3. 相机标定参数

相机的 3 大标定参数分别为相机的内参矩阵 $A(d_x, d_y, r, u_0, v_0, f)$，外参矩阵$[R \,|\, T]$和畸变系数$[k_1, k_2, k_3, \cdots\cdots, p_1, p_2, \cdots\cdots]$。

（1）相机内参矩阵：d_x 和 d_y 分别表示在 x 和 y 轴方向上一个像素占据的实际长度，即一个像素代表的实际物理值的大小，内参矩阵是实现图像坐标系与像素坐标系转换的关键。r 是图像坐标的扭曲因子，u_0、v_0 表示图像的中心像素坐标和图像原点像素坐标之间相差的横向和纵向像素数。在 OpenCV 里所指的 4 个内参分别为f_x、f_y、u_0、v_0，且$f_x = F*S_x$，其中的 F 表示焦距（文中的f），S_x 是像素/每毫米（d_x 的倒数）。

（2）相机外参矩阵：R 为旋转矩阵，负责实现坐标系之间的旋转变换。T 为平移矩阵，负责实现坐标系之间的平移变换。

（3）畸变系数：包括相机的径向畸变系数 k_1，k_2，k_3 等和相机的切向畸变系数 p_1，p_2，等，用于矫正产生的图像，避免拍出的图像产生桶形和枕形畸变，如图 3-2 所示为图像畸变的两种类型。

图 3-2　图像畸变的两种类型

4. 成像坐标系的变换关系

1）从世界坐标系到相机坐标系

世界坐标系通过$[R|T]$矩阵即可转变到相机坐标系，如图 3-3 所示。

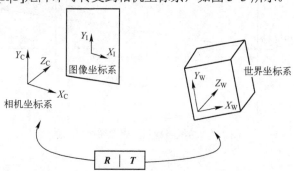

图 3-3　世界坐标系到相机坐标系的转换

$$\begin{bmatrix} X_C \\ Y_C \\ Z_C \\ 1 \end{bmatrix} = \begin{bmatrix} R & T \\ 0_3^T & 1 \end{bmatrix} * \begin{bmatrix} X_W \\ Y_W \\ Z_W \\ 1 \end{bmatrix} \tag{3-2}$$

其中，R 为旋转矩阵，T 为平移矩阵，也可称偏移向量。一般可假设物体在世界坐标系下 Z_W 轴的分量为 0，所以可以令 $Z_W = 0$。其中变换矩阵为

$$\begin{bmatrix} R & T \\ 0_3^T & 1 \end{bmatrix} \tag{3-3}$$

式（3-3）是前文提到的外参矩阵。之所以称之为外参矩阵，因为其可以理解为只与相机外部参数有关，且外参矩阵随刚体位置的变化而变化。

2）从相机坐标系到像素坐标系

相机坐标系到像素坐标系实际上经过多个变换来实现，主要分为相机坐标系到虚拟图像坐标系、透镜畸变、实际图像坐标系到像素坐标系三个过程。

（1）相机坐标系到虚拟图像坐标系。

如图 3-4 所示，该坐标变换为三维坐标到二维坐标的投影过程。该方法具体为使用中心投影法将目标点投影到投影面上，从而获得的一种较为接近视觉效果的单面投影图。

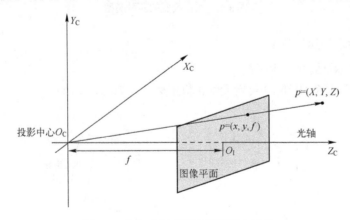

图 3-4　相机坐标系到虚拟图像坐标系

（2）透镜畸变。

透镜畸变主要分为径向畸变和切向畸变，虽还有其他如薄透镜畸变的畸变方式，但这两

种方式的影响最大，因此仅讨论这两种畸变的解决函数。

径向畸变是由于透镜形状的制造工艺导致的，且越向透镜边缘移动，径向畸变就越严重。实际情况中，我们常用 $r=0$ 处的泰勒级数展开的前几项来近似描述径向畸变。式（3-4）表示矫正径向畸变前后的坐标关系：

$$X_{\text{corrected}} = x(1 + k_1 \times r^2 + k_2 \times r^4 + k_3 \times r^6)$$
$$Y_{\text{corrected}} = y(1 + k_1 \times r^2 + k_2 \times r^4 + k_3 \times r^6)$$

$$(3\text{-}4)$$

切向畸变是由透镜和 CMOS 或者 CCD 的安装位置误差导致的。切向畸变需要两个额外的畸变参数来描述，式（3-5）为矫正前后的坐标关系：

$$X_{\text{corrected}} = x + 2p_1 xy + p_2(r^2 + 2x^2)$$
$$Y_{\text{corrected}} = y + p_1(r^2 + 2y^2) + 2p_2 xy$$

$$(3\text{-}5)$$

综上，一共需要 5 个畸变参数 $(k_1, k_2, k_3, p_1, p_2)$ 来描述透镜畸变。

（3）实际图像坐标系到像素坐标系。

由于定义的像素坐标系原点与图像坐标系原点不重合，假设像素坐标系原点在图像坐标系下的坐标为（u_0, v_0），每个像素点在图像坐标系 x 轴、y 轴方向的尺寸为 d_x、d_y，且物像点在实际图像坐标系下的坐标为（x_C, y_C），式（3-6）表示物像点在像素坐标系下的坐标：

$$\begin{bmatrix} u \\ v \\ 1 \end{bmatrix} = \begin{bmatrix} \dfrac{1}{d_x} & 0 & u_0 \\ 0 & \dfrac{1}{d_y} & v_0 \\ 0 & 0 & 1 \end{bmatrix} * \begin{bmatrix} x_C \\ y_C \\ 1 \end{bmatrix}$$

$$(3\text{-}6)$$

3）从世界坐标系到像素坐标系

综合上述的坐标变换关系，式（3-6）表示世界坐标系和像素坐标系之间的变换关系：

$$Z_C \begin{bmatrix} u \\ v \\ 1 \end{bmatrix} = \begin{bmatrix} \dfrac{1}{d_x} & 0 & u_0 \\ 0 & \dfrac{1}{d_y} & v_0 \\ 0 & 0 & 1 \end{bmatrix} * \begin{bmatrix} f & 0 & 0 \\ 0 & f & 0 \\ 0 & 0 & 1 \end{bmatrix} * [R|T] * \begin{bmatrix} X_W \\ Y_W \\ Z_W \\ 1 \end{bmatrix}$$

$$(3\text{-}7)$$

3.1.2　相机的优点与应用

相机能够直接采集图像和视频流数据，主要应用在环境感知中，且检测目标时相对简单，处理实时性好。对比其他传感器，它有以下优点。

1．相比于功能类似的激光雷达

（1）相机获取信息的实时性高，信息更新速度快，环境适应能力强，在高复杂度、实时性场景中也有很好的适用性。

（2）成本低，算法及技术成熟度比较高，物体识别率高。

（3）图像中蕴含的信息更加丰富、完整。

（4）相机进行信息采集时不会发射激光或信号，不会对其他网联车造成干扰。

2．相比于毫米波雷达

（1）目标识别与分类功能更加强大，精准识别障碍物的大小与类别，能够完成车道线识别、红绿灯识别，以及交通标志识别等任务。

（2）动态目标检测能力强，能够对行人和车辆进行探测与跟踪。

（3）具备可通行空间检测能力，能够对车辆行驶的安全边界（可行驶区域）进行划分，主要对车辆、普通路边沿、侧石边沿、障碍物不可见的边界、未知边界等进行划分。

（4）相比于毫米波雷达同步定位与建图（Simultaneous Localization And Mapping，SLAM）技术，视觉 SLAM 技术更加成熟，应用前景更加广泛。目前，视觉感知已经成为无人驾驶领域的一大主流方向，但是纯视觉感知也有显著的技术不足。比如，相机受光照变化影响大，视觉传感器在极端恶劣天气下会失效。其次，相机的测速性能不如激光雷达和毫米波雷达。

无人驾驶系统中，相机的应用主要分为 3 个：可通行空间检测、环境障碍物检测、交通状况识别。其中，可通行空间检测，即检测车辆可行驶的车道线并进行区域划分；环境障碍物检测，即检测车辆、行人及其他障碍物；交通状况感知，即识别交通标志、红绿灯和道路拥堵状况。

3.1.3 在 Autoware 中使用单目相机

本节将主要讲解如何在 Autoware 自动驾驶平台中配置单目相机。具体步骤如下。

1．安装相机驱动

打开终端，在命令行上输入如下指令安装相机驱动：

```
cd /home/Autoware/hqAutoware/src/drivers
git clone https://github.com/bosch-ROS-pkg/usb_cam.git
cd /hqAutoware
Autoware_COMPILE_WITH_CUDA=1 colcon build --cmake-args  -DCMAKE_BU ILD_
TYPE= Release --paths src/drivers/usb_cam
```

2. 配置相应参数

修改 usb_cam/launch/usb_cam-test.launch 文件，将相应的参数修改为实际的数值，即 width（图像的宽）、height（图像的高）、device（相机的路径）、frame（相机的帧率），示例如图 3-5 所示。具体操作为复制 usb_cam/launch/usb_cam-test.launch 文件，将其重命名为 "right_video4.launch"，打开并编辑 right_video4.launch 文件，输入如下指令：

```
        cp -r ~/hqAutoware/install/usb_cam/share/usb_cam/launch/usb_cam-test.
launch ~/ hqautowa
        re/install/usb_cam/share/usb_cam/launch/right_video4.launch
        vi ~/hqAutoware/install/usb_cam/share/usb_cam/launch/right_video4.launch
```

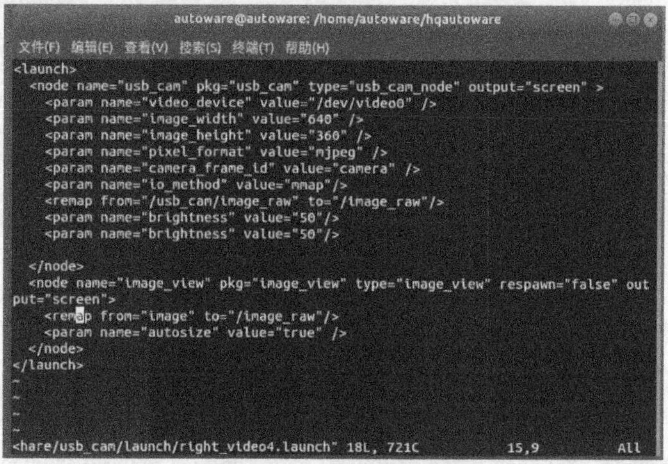

图 3-5　配置相应参数

注：right_video4.lanunch 文件是可以自己编写的。

3. 启动相机

在终端输入如下指令启动相机：

```
        roslaunchusb_cam right_video4.launch
```

注意：如果没有权限打开相机，则在~/.bashrc 文件中写入 "sudochmod 666 /dev/video*"，再使之生效，输入指令："source ~/.bashrc"，重新运行打开即可。

4. 启动 Autoware

（1）打开 "Runtime Manager（于 autoware）" 界面。

（2）在 "Runtime Manager（于 autoware）" 界面中单击 "Sensing" 标签。

（3）在"Sensing"标签页中单击"usb_cam"，弹出话题为"/image_raw"的窗口显示图像，如图 3-6 所示。

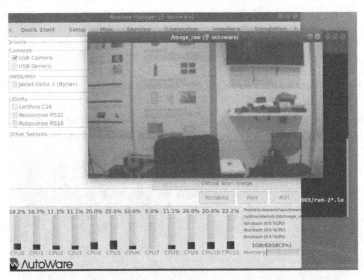

图 3-6　话题为"/image_raw"的窗口

（4）关闭该窗口，单击"Runtime Manager（于 autoware）"界面中的"RViz"按钮，弹出"RViz"界面。

（5）在"RViz"界面中，单击"Add"按钮，弹出"rviz"对话框，如图 3-7 所示。

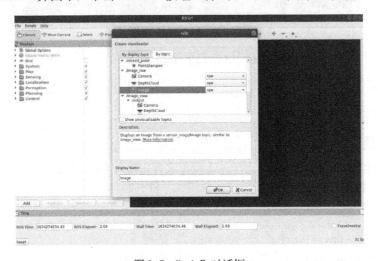

图 3-7　"rviz"对话框

（6）在"rviz"对话框中，在"/image_raw"下添加"Image"，这样就能显示图像了，如图 3-8 所示。

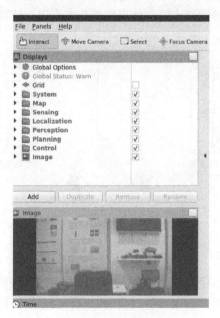

图 3-8　显示图像

3.2　双目相机的配置

3.2.1　双目相机的原理

1. 人眼双目视觉模型

人眼系统对信息的处理是一个非常复杂的过程，其过程可以描述为：人眼的光学系统接收场景中反射的可见光，通过视网膜的感光细胞处理传递来的光信号并将其转换为神经冲动，继而变换得到视束，并传递给中枢神经系统，最终在眼底视网膜上形成具体的物像。人眼能够感知的深度线索有很多，主要包括单眼线索和双眼线索。单眼线索指亮度、纹理、尺寸等信息；双眼线索指双目视差线索和运动视差线索，其中双目视差线索最为重要。

如图 3-9 所示为人眼的双目视觉模型。人眼两瞳孔之间存在着一定的间距，为 6～7cm，这样的间距使得在人眼观察同一个场景时，由于几何光学投影，左右眼视网膜的成像存在着细微的差别，这就是双目视差。双目视差能反映场景中物体的深度信息，这也是人眼系统感知立体知觉的生理基础。人类大脑皮层对具有视差的左右眼图像进行融合后，便能提取信息并感受到具有层次感的立体视效，这就是人眼立体视觉的基本原理，计算机视觉技术也是基于此原理发展而来的。

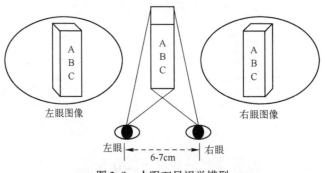

图 3-9　人眼双目视觉模型

2. 双目立体视觉原理简介

　　双目立体视觉技术模拟双眼成像原理，由两台不同位置的相机来拍摄同一场景，获得两幅数字图像，并通过各种匹配算法来获得对应的像点。由于相机拍摄的图像平面和场景中的物体构成了一系列几何三角形，所以双目立体视觉技术通常采用三角测量方法，通过计算场景中的空间点在两幅图像中的双目视差获得该点的三维空间坐标值。

　　双目立体视觉的基本原理如图 3-10 所示。注意：相机的成像平面实际上是在镜头的光心后的，而图 3-10 中将左右成像平面绘制在镜头的光心前，这是为了方便计算。假设立体视觉空间场景中的物点 $P(X_w, Y_w, Z_w)$ 在相机的两个成像平面上的投影分别是 $P_l(x_l, y_l)$ 和 $P_r(x_r, y_r)$，相机平行放置的一个优点是校正后的图像没有垂直方向上的视差而只有水平方向上的视差（水平视差），也就是说图像中坐标存在 $y_l = y_r$ 的关系。相机的两个光心之间的距离 B 即为基线，当 B 的值在人的双眼间距的变化范围内，那么这个系统便构成了模拟人眼的双目立体成像系统。基线的长度越长，所测得的三维场景重构就越精确，但同时双相机的共同视野就越小，存在的遮挡问题就越严重。

　　为了便于分析和计算，本文取上述成像模型中平行于 $Z_{lc}O_{lc}X_{lc}$ 的平面图，如图 3-11 所示。由三角形相似原理可以推断出存在 $\Delta PO_{lc}O_{rc} \sim \Delta PP_lP_r$ 利用与三角形相似有关的几何知识，便能根据拍摄的左右图像上的匹配点坐标值计算出世界坐标系中的物点 P 所对应的坐标。

　　由图 3-11 中的几何关系可以推断出：

$$\begin{cases} \dfrac{X_{\mathrm{W}}}{x_{1}} = \dfrac{Z_{\mathrm{W}}}{f} \\[3mm] \dfrac{B - X_{\mathrm{W}}}{-x_{\mathrm{r}}} = \dfrac{Z_{\mathrm{W}}}{f} \end{cases} \tag{3-8}$$

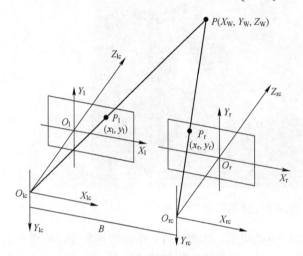 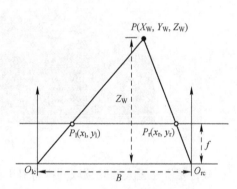

图 3-10　双目立体视觉的基本原理　　　　　图 3-11　双目立体视觉平面图

以上两个公式可以得到：

$$\begin{cases} X_{\mathrm{W}} = \dfrac{Bx_{1}}{d} \\[3mm] Z_{\mathrm{W}} = \dfrac{Bf}{d} \end{cases} \tag{3-9}$$

其中，$d = x_{1} - x_{\mathrm{r}}$，表示左右图像的视差，也就是平行放置方式中的水平视差。同理可以计算出 Y_{W}。当相机的几何位置固定时，视差 d 只与距离 Z_{W} 有关，而与 P 点离相机光轴的距离无关。视差越大说明物体离光心的距离越近；反之，则越远。上式把物体与像平面的距离（3D 信息中的深度）与视差直接联系了起来，所以正确求解视差信息是得到物体的深度以恢复出物体的三维信息的关键。

3.2.2　双目相机的应用背景

视觉是人类认识世界的主要方式，这也正是计算机视觉火热的原因。人们最开始研究视觉是从二维图像上开始的，双目立体视觉在 1963 年出现，麻省理工大学研究员罗伯茨（Roberts）教授等人将科学研究从二维图像推向三维物体。随着生产技术的提高，我国的工业实力不断被增强，计算机视觉开始被应用到各行各业。如图 3-12 所示的达芬奇手术机器人，其通过两个高清相机，可以创建放大 10 倍的高清三维立体视觉模型。

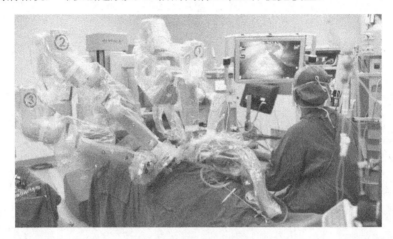

图 3-12　达芬奇手术机器人

双目相机在无人驾驶领域同样有着十分广泛的应用，如图 3-13 所示的谷歌公司所研发的无人驾驶汽车搭载着双目相机。双目相机可以根据左右相机的视差测量距离，这对无人驾驶汽车在感知外界环境的过程中具有重要意义，可以极大地提高行车效率。

图 3-13　谷歌的无人驾驶汽车

3.2.3 安装双目相机的 SDK 驱动包

1. 迈德威视双目相机接线

本节使用的相机由迈德威视公司生产，如图 3-14 所示，其型号为 MV-GE231GC/M-T，数据接口为 RJ45 千兆以太网接口。其中，图 3-14（b）所示为相机的接线方式，上方为电源接口，下方为网口（连接计算机）。

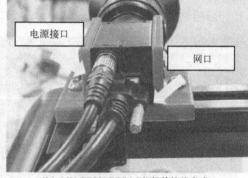

（a）MV-GE231GC/M-T相机　　　　　　　　（b）MV-GE231GC/M-T相机的接线方式

图 3-14　MV-GE231GC/M-T 相机及其接线方式

2. SDK 的介绍与安装

在迈德威视官网中可以下载 SDK。其中，在下载好的 document 文件夹中有详细的安装流程，这里仅做简单介绍。

（1）SDK 的目录结构如下所示。

① lib：各平台使用的 SDK 库文件（x86、x64、ARM 和 ARM64）。

② include：SDK 头文件。

③ demo：相机的案例工程及源码。

④ document：开发文档。

⑤ tools：IP 配置工具。

⑥ install.sh：安装运行脚本（需要 root 运行）。

⑦ 88-mvusb.rules：USB 设备权限修改文件。

（2）在终端中运行以下指令，将下载的文件解压到当前目录下：

```
tar -zxvf linuxSDK_V2.1.0.20.tar.gz
```

运行后的结果如图 3-15 所示。

```
mind@mind:~$ cd MVSDK
mind@mind:~/MVSDK$ tar -zxvf linuxSDK_V2.1.0.20.tar.gz
```

图 3-15　将下载的文件解压到当前目录下

（3）将库和头文件复制到系统目录下，在终端中运行以下指令：

```
sudo ./install.sh
```

运行后的结果如图 3-16 所示

```
zz@zz:~/桌面/xiangji/qudong$ sudo ./install.sh
[sudo] zz 的密码：
sudo: ./install.sh: 找不到命令
zz@zz:~/桌面/xiangji/qudong$ chmod 777 install.sh
zz@zz:~/桌面/xiangji/qudong$ sudo ./install.sh
Your current directory is /home/zz/桌面/xiangji/qudong. This is where the MVSDK
software will be installed...
Copy header files
Copy x64/libMVSDK.so to /lib
Successful
Please  restart system  now!!!
zz@zz:~/桌面/xiangji/qudong$
```

图 3-16　将库和头文件复制到系统目录下

如果安装脚本失效，可以在终端中运行以下指令，手动复制库和头文件完成安装：

```
#复制头文件 sudo cp MVSDK/include/* /usr/include/
#复制对应平台库 x86 64 位系统：sudo cp MVSDK/lib/x64/libMVSDK.so /lib
arm 32 硬浮点系统：sudo cp MVSDK/lib/arm/libMVSDK.so /lib
arm 32 软浮点系统：sudo cp MVSDK/lib/arm_softfp/libMVSDK.so /lib
arm 64 位系统：sudo cp MVSDK/lib/arm64/libMVSDK.so /lib
```

3. 相机连接计算机

本节使用的相机利用网口通信，需配置相机的 IP 地址（与计算机的 IP 地址一致）。由两个相机组成一对双目相机，因为大多数计算机只有一个网口，即使有多个网口，网口的网卡 IP 地址也不一样，这里建议使用交换机，将两个相机的网口连接到计算机的一个网口上。相机具体的接线方式如图 3-17 所示。其中，需要对交换机单独供电，白色线连接计算机，黑色线连接相机，交换机上的其他接口可接雷达等传感器。

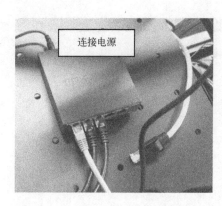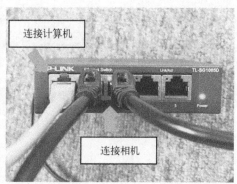

图 3-17　相机具体的接线方式

4. 配置计算机和相机的 IP 地址

1）检查是否连接到相机

如果对相机未配置过 IP 地址，则 iCameraCounts（相机数量）为 0。运行 Sampli_Save_Demo 文件夹下的 demo 可执行文件，检测是否连接到相机，运行结果如图 3-18 所示。

```
mind@mind:~/MVSDK/demo/Sampli_Save_Demo$ ./demo
iCameraCounts =0
mind@mind:~/MVSDK/demo/Sampli_Save_Demo$
```

图 3-18　检查是否连接到相机

2）设置相机的 IP 地址

在 Windows 操作系统中，当相机的 IP 地址和计算机的 IP 地址不一样时，其实也是可以识别到相机的。所以，建议在 Windows 操作系统中修改相机的 IP 地址。Windows 操作系统中 SDK 同样可以在迈德威视官网上下载，下载完成后打开软件，即可修改相机的 IP 地址为静态 IP 地址，将两个相机 IP 地址的前 3 部分设置成相同的，最后一位为 0～255 中的任意数字，但两个相机不能完全相同。本文两个相机的 IP 地址分别为 192.168.43.12 和 192.168.43.11，子网掩码为 255.255.255.0，如图 3-19 所示。

3）设置 Ubuntu 的 IP 地址（见图 3-20）

（1）打开"设置"，单击"网络"选项。

（2）对"有线连接"进行设置。

（3）单击"IPv4"标签，将"IPv4"方式选择为"手动"。

（4）地址的前三部分和相机的 IP 地址一样，最后一位为 0～255 中的任意数字，但不可以和相机的一样，这里取为 192.168.43.15。

（5）将子网掩码设置为 255.255.255.0。

图 3-19　设置相机的 IP 地址

图 3-20　设置 Ubuntu 的 IP 地址

4）检查是否连接到相机

运行 Sampli_Save_Demo 文件夹下的可执行文件 demo，运行结果如图 3-21 所示。在 demo 文件中，iCameraCounts=2，即有两个相机，输入 0 或 1 可让一个相机拍照。

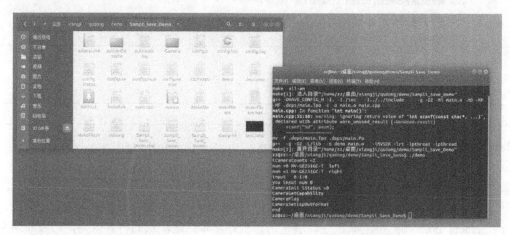

图 3-21　运行可执行文件 demo 后的结果（检查是否连接到相机）

5）使用双目相机

在迈德威视官网中下载的 SDK 的 demo 文件中，有许多调用相机的程序，感兴趣的读者可自行运行，了解一下相机的基本使用，这里仅运行双目相机的 demo 文件，运行结果如图 3-22 所示。

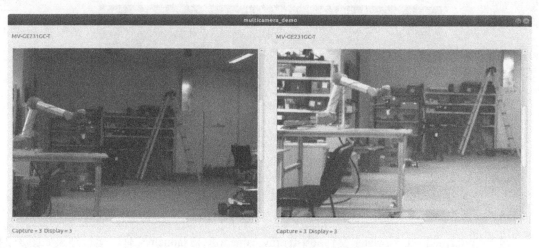

图 3-22　运行双目相机 demo 文件后的结果

6）清理项目，进行编译

具体操作为在终端中运行以下指令：

```
cd MVSDK/demo/multicamera_demo
make clean
make
```

7）运行程序

若无明显错误，则在终端中运行以下指令，运行程序：

```
sudo ./multicamera_demo
```

3.2.4 ROS 中使用相机

1. 使用双目相机

在文件 mv-camera-ROS-master 中，为在 ROS 中使用单目相机，我们对其进行了修改，即在 cv_camera_node.cpp 中，默认为调用一个相机并发布话题，我们将其改为同时发布两个话题，并调用不同的两个相机，以实现双目的效果。若需要使用相机，运行 mv-camera-ROS.launch 文件，并在 RViz 中接收相应话题即可。

编译文件若遇报错"fatal error: mv_camera_ros/Camera Config.h: 没有那个文件或目录"，则需要将 mv_camera_ROS 文件夹放在/build/devel/include 文件夹下。另外，在整个路径中不建议有中文，因为在这种情况下编译文件时可能会报错。编译文件成功的结果如图 3-23 所示。

图 3-23 编译文件成功的结果

运行 mv-camera-ROS-master 文件夹中的 mv-camera-ROS.launch 文件，运行结果如图 3-24 所示。其中，这里产生了两个红色报错（因为两个相机发布了一个同样的话题名，所以有冲突产生报错，此话题与相机的基本信息有关，并不影响正常使用）；两个黄色警告是因为两个相机没有标定数据。在这里可以使用 ROStopic list 查看发布的话题。另外，也可使用 RViz 订阅两个相机的话题，查看两个相机的画面。

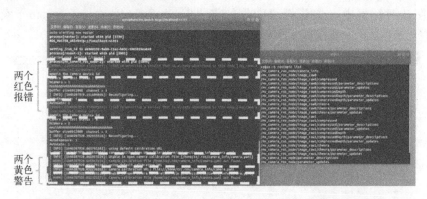

图 3-24　运行 mv-camera-ROS.launch 文件后的结果（查看相机话题）

2. 标定双目相机

可使用 ROS 自带的标定程序标定双目相机，但经过实验，ROS 标定后的分辨率只能为 1024×1024，而相机的分辨率为 1920×1200，因此本文采用两个相机同时拍照的方法，将保存的结果输入 MATLAB 的标定程序中，得到 1920×1200 的标定数据，具体标定步骤如下。

（1）准备标定板：本文采用的标定板为 12×8 的棋盘格，也可选用其他的标定板，但需要修改拍照文件中的 pattern 数据。对于 12×8 的棋盘格，其 pattern 数据为（12, 8）。

（2）相机同时拍照：在存放 mv_calbration.py 的路径下创建 snapshot 文件夹，并在 snapshot 文件夹中创建 left 和 right 文件夹，用于存放左侧和右侧相机所拍到的图片。运行 mv_calbration.py，按下"S"键可手动拍照，也可以将参数"AUTO"设置为"TRUE"，每隔两秒自动拍照。在相机可拍摄范围的各个角度，倾斜标定板，拍到的图片如图 3-25 所示。

图 3-25　标定双目相机后相机拍到的图片

（3）将照片导入 MATLAB：如图 3-26 所示，打开 MATLAB 软件，单击"Stereo Camera Calibrator"标签，弹出"CALIBRATIO"标签页；在该标签页中，分别勾选"Skew""3 Coefficients""Tangential Distortion"，单击"Add Images"图标，弹出"Load Stereo Images"对话框；在该对话框中，加载相应文件，将"Size of checkerboard square"设置为"25 millimeters"，该参数表示标定板一个格子的边长。

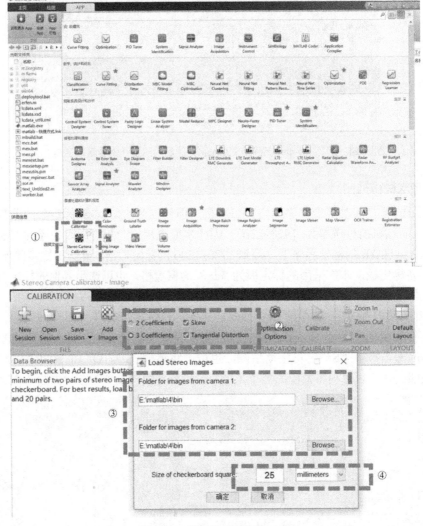

图 3-26　导入照片到 MATLAB

最后得到的标定结果如图 3-27 所示。对于一些误差较大的图片，也可以单击鼠标右键将其删除，并将最后的结果填到 camera_configs.py 中。

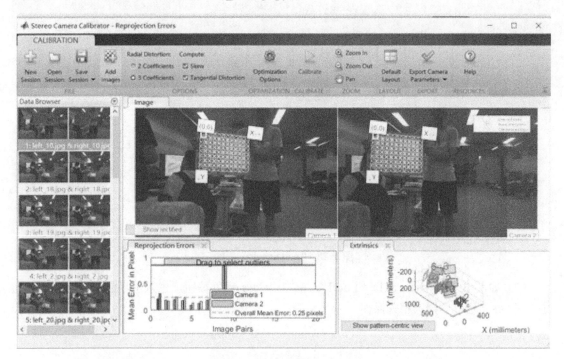

图 3-27　最后得到的标定结果

3.2.5　Autoware 中使用双目相机

本书实验中使用的 Autoware 系统是基于 Docker 开发环境的。Docker 是一种轻量级虚拟化容器技术。Docker 开发环境具有启动速度快、系统复杂度低、系统可移植性强、执行性能强、可控性好、体积轻量化、安全性高等优点。所以在这里我们采用 Docker 开发环境来容纳 Autoware 系统，基于 Docker 开发环境的 Autoware 系统也方便读者朋友配置学习。

1. 修改 Docker 网络模式

1）创建用户

（1）浏览器访问 http://localhost:9000，本机访问使用 localhost，其他机器访问使用 portainer 所在机器的 IP 地址。例如，portainer 所在机器的 IP 地址为 192.168.5.10，则浏览器访问 http://192.168.5.10:9000，即可看到如图 3-28 所示的界面。在该界面中，输入 2 次相同的密码，单击 "Create User" 按钮，创建用户。

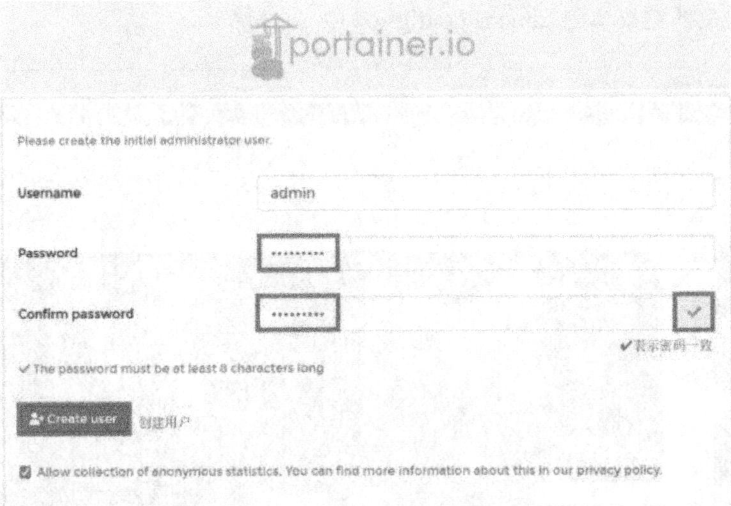

图 3-28　"portainer.io"界面

（2）如图 3-29 所示，选择"Local"，单击"Connect"按钮，进入主界面。至此，可以通过 Web 界面进行容器的相关操作。

图 3-29　进入主界面

（3）单击主界面"Endpoint"中的"local"，进入 local 端点的"摘要信息"界面，如图 3-30 所示，在该界面中可以看到端点上容器、镜像、卷、网络等摘要信息。

图 3-30 local 端点的"摘要信息"界面

2）修改网络模式

（1）如图 3-31 所示，选择"Containers"，单击"Network"标签。

图 3-31 单击"Network"标签（修改网络模式）

（2）在"Network"标签页中，将"Network"选项修改为"host"。

2. 使用相机

在 Autoware 中配置相机和在 Docker 环境外面配置相机是一样的，即复制相机驱动到

Autoware 目录中。编译过程中可能会遇到各种报错，其中大多是缺少各种库。由于不同的开发环境遇到的问题不一样，请读者自行解决，解决方法与在 Docker 环境外是一样的。如图 3-32 所示，图 3-32（a）是在 Autoware 工作空间下运行相机的驱动程序，其下方是另外打开的一个终端运行 rostopic list，从中可以看到两个相机话题 raw0 和 raw1 正常发出来了；图 3-32（b）是左右相机的图像。

图 3-32　在 Autoware 中使用相机

3.3　激光雷达的介绍

激光雷达是一种集激光、全球定位系统和惯性测量单元于一体的系统，主要用于测量目标的位置、形貌等信息，测距精度可达厘米级。激光雷达最大的优势就是"精准"、"快速"和"高效作业"，它是一种用于精确获得 3D 位置信息的传感器，其在机器中的作用相当于人类的眼睛，能够确定物体的位置、大小、外部形貌甚至材质。本节将介绍激光雷达的工作原理、优点与应用，以及激光雷达的性能度量。

3.3.1　激光雷达的工作原理

　　与微波雷达的原理相似，激光雷达使用的是飞行时间（Time of Flight，TOF）技术。具体而言，就是根据激光遇到障碍物后的折返时间（Round-Trip Delay），计算目标与自己的相对距离。TOF 技术的测距原理如图 3-33 所示。激光光束可以准确测量视场中物体轮廓边缘与设备间的相对距离，这些轮廓信息组成所谓的点云并绘制出 3D 环境地图，精度可达厘米级别，从而提高测量精度。

图 3-33　TOF 技术的测距原理

　　三维激光雷达中最上方和最下方激光发射器之间的角度为垂直扫描范围。当激光雷达工作时，激光发射器随机械旋转机构按固定角度进行 360° 的水平旋转，这个固定角度也叫作水平分辨率。激光发射器在 1 秒钟内旋转的圈数为激光雷达的工作频率。根据 TOF 技术的测距原理，可以计算出反射点在极坐标下的距离和角度，进而计算出点的 x、y、z 坐标：

$$x = R \times \cos\beta \times \sin\alpha$$
$$y = R \times \cos\beta \times \cos\alpha \quad\quad\quad (3\text{-}10)$$
$$z = R \times \sin\beta$$

激光雷达极坐标到笛卡儿坐标的映射如图 3-34 所示。

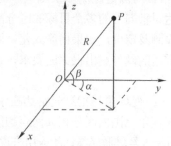

图 3-34　激光雷达极坐标到笛卡儿坐标的映射

3.3.2　激光雷达的优点与应用

　　激光雷达是通过发射激光束探测目标位置和速度等特征量的雷达系统，具有测量精度高、方向性好等优点，具体如下。

（1）具有极高的分辨率：激光雷达工作于光学波段，频率比微波高 2～3 个数量级。因此，与微波雷达相比，激光雷达具有极高的距离分辨率、角分辨率和速度分辨率。

（2）抗干扰能力强：激光波长短，可发射发散角非常小的激光束，多路径效应小，可探测低空/超低空目标。

（3）获取的信息量丰富：激光雷达可直接获取目标的距离、角度、反射强度、速度等信息，生成目标的多维度图像，易于理解。

（4）全天候工作：激光雷达采用主动探测方式，不依赖外界光照条件或目标本身的辐射特性。它只需要发射自己的激光束，通过探测发射激光束的回波信号来获取目标信息。因此，与相机对比，激光雷达具有全天候工作的优点（但是激光雷达最大的缺点是容易受到大气条件，以及工作环境中烟尘的影响）。

由于激光雷达的诸多优点，以及技术的不断发展和普及，激光雷达的应用范围越来越广泛。无人驾驶、人工智能、3D 打印、AR/VR 等领域都有它的身影。

在无人驾驶中，激光雷达可谓是占据了最重要的地位。无人驾驶汽车是通过车载传感系统感知环境、自动规划行车路线并控制车辆到达预定目标的智能汽车。目前，激光雷达的应用囊括了无人驾驶的定位、路沿/可行驶区域检测、车道标识线检测、障碍物检测、动态物体跟踪、障碍物分类识别等功能模块。

3.3.3 激光雷达的性能度量

对激光雷达来说，其主要的性能度量包括轴向测距精度、横向测量分辨率、视角范围、帧率、发射功率、最大测量距离、功耗等。下面将针对相关性能度量做简单说明。

（1）轴向测距精度：一般是指针对固定距离多次测量后的标准偏差，它与测距分辨率不同，测距分辨率主要是指激光雷达对轴向上的多个目标的区分能力。激光雷达获取的数据需要可以进行障碍物识别、动态物体检测及定位，如果精度太差，则无法达到以上目的。不过，精度太好也有问题。高精度对激光雷达的硬件提出很大的要求，计算量会非常大，成本也会非常高。所以精度应该是适中就好。

（2）视场角及横向测量分辨率：视场角是指激光雷达在水平和垂直方向上的视野范围，而横向测量分辨率是指激光雷达在视角范围内区分相邻两点的能力。

（3）发射功率及人眼安全：对无人驾驶激光雷达的应用来说，具有较长的探测距离是非常重要的，需要有较大的发射功率。然而，最大的发射功率会受到人眼安全规则的限制，这也是激光雷达相对微波雷达设计最大的影响因素，因为仅仅毫瓦级的激光束就可以对人眼产生严重的伤害。

（4）最大测量距离：激光雷达最大的测量距离一般受限于发射功率和接收机的灵敏度。在无人驾驶汽车这个应用领域，对激光雷达的探测距离是有要求的。例如，在高速公路上要能够检测到前方车辆。

KITTI 数据集采用的 64 线激光雷达（velodyne HDL-64E）与本平台搭载的 16 线激光雷达（lslidar-C16）的性能指标对比如表 3-1 所示。

表 3-1　velodyne HDL-64E 与 lslidar-C16 规格的性能指标对比

指标	velodyne HDL-64E	lslidar-C16
精度	2cm	3cm
线束	64 线	16 线
纵向距离	120m	150m
垂直范围	26.8°（−24.8°～+2°）	30°（−15°～15°）
水平范围	360°	360°
水平分辨率	0.08°～0.35°	0.09°～0.36°
垂直分辨率	0.4°	2°
工作频率	5～20Hz	5～20Hz
质量	13.2kg	650g
工作环境温度	−10～50℃	−20～60℃
数据量	220 万点/秒	32 万点/秒

3.3.4　激光雷达的配置及使用

本节将介绍如何在 Autoware 自动驾驶平台中配置及使用激光雷达。其中，以镭神激光雷达 lslidar-C16 为例。

1. 镭神激光雷达 lslidar-C16 驱动的安装

（1）新建一个编译用的工作空间，即 catkin_ws_lslidar，并在该空间内新建一个 src 目录。具体输入指令如下：

```
mkdir -p ~/catkin_ws_lslidar/src
```

（2）将镭神激光雷达驱动程序 lslidar_c16 文件夹复制至 src 目录中。

（3）编译驱动。首先，在终端 cd 的 src 目录同级的工作目录中执行 catkin_make 编译指令，生成 build 和 devel 两个编译产物；其次，用 source 指令使 devel 目录下的 setup.bash 在当前终端中生效。具体输入指令如下：

```
cd ~/catkin_ws_lslidar/
catkin_make
source devel/setup.bash
```

2．镭神激光雷达 lslidar-C16 IP 地址的配置

1）进入 Network 修改网络

（1）进入"设置"中的"网络"标签页，将激光雷达的网线插入计算机的网口。

（2）单击"以太网（eno1）"下面的设置按钮，使其成"打开"状态，如图 3-35 所示。

图 3-35　进入 Network 修改网络

2）修改激光雷达的网络配置

（1）如图 3-36 所示，在"IPv4"标签页中，将"IPv4 方式"选择为"手动"。

图 3-36　修改激光雷达的网络配置

（2）在"地址"栏中填入镭神激光雷达 lslidar-C16 规定的目标 IP，即 192.168.1.102，将子网掩码设置为 255.255.255.0。

3）用 ifconfig 指令查看是否修改成功

如图 3-37 所示，使用"ifconfig"指令查看 eno1 的 IP 地址是否已经修改为 192.168.1.102。

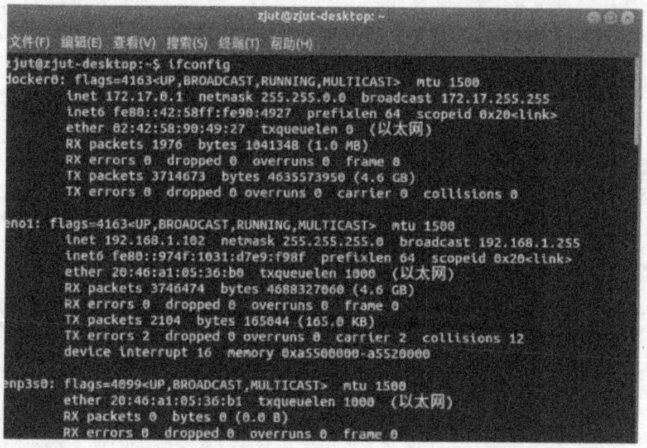

图 3-37　使用"ifconfig"指令查看 eno1 的 IP 地址是否修改成功

4）通过 ping 工具查看通信状态

镭神激光雷达 lslidar-C16 的 IP 地址默认为 192.168.1.200，通过 ping 工具查看激光雷达是否连接成功，如图 3-38 所示。

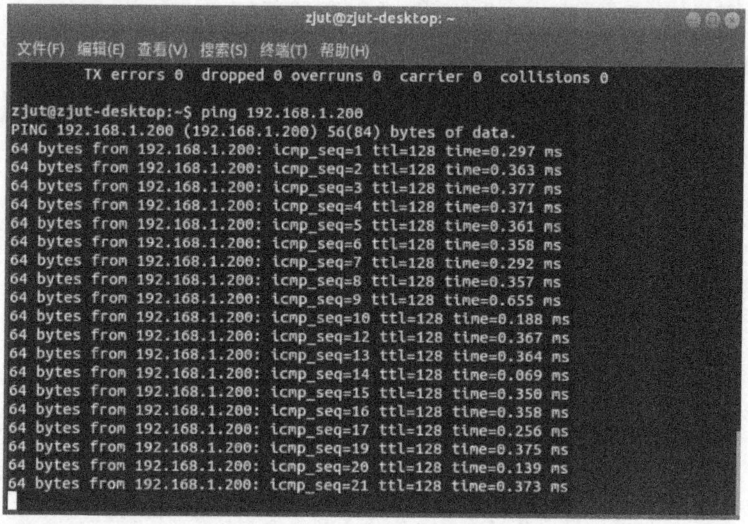

图 3-38　通过 ping 工具查看镭神激光雷达是否连接成功

3. 启动激光雷达并在 RViz 中显示点云数据

1）启动激光雷达 lslidar_c16.launch 文件

使 catkin_make 编译后生成的 devel 中的 setup.bash 文件生效，用"roslaunch"指令启动激光雷达 lslidar_c16.launch 文件。具体输入指令如下：

```
source devel/setup.bash
roslaunch lslidar_c16_decoder lslidar_c16.launch
```

2）启动 RViz

（1）打开另一个终端，启动 RViz。

（2）单击"RViz"界面中的"Add"按钮，添加点云"PointCloud2"。

（3）在其"Topic"栏中选中"/lslidar_point_cloud"话题。

（4）在"Global Options"下，将"Fixed Frame"修改为"laser_link"，如图 3-39 所示，这样就能在中间窗口内看到点云数据。

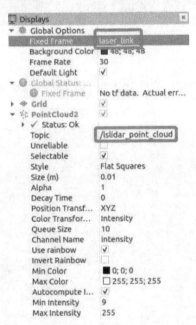

图 3-39　给 PointCloud2 控件设置激光雷达话题"/lslidar_point_cloud"

4. 修改 lslidar_c16.launch 文件适配 Autoware 环境

因为本文用的激光雷达是镭神激光雷达 lslidar-C16，而 Autoware 自动驾驶平台默认支持的是 velodyne，因此需要修改镭神激光雷达 lslidar-C16 的源码配置，从而完成对 Autoware 自动驾驶平台的适配。

（1）在 lslidar-c16 目录下 src 中 lslidar_c16_decoder 下的 launch 文件夹中，修改 lslidar_c16. launch 文件，将其中 frame_id 原先的值 "laser_link" 修改为 Autoware 自动驾驶平台中能用的 "velodyne"，即 <param name="frame_id" value="velodyne"/>，再增加一个 <remap from= "lslidar_point_cloud" to="/points_raw" />，用于 Autoware 接收的点云话题 "/points_raw"。修改后的内容如下：

```
<launch>
<arg name="device_ip" default="192.168.1.200" />
<arg name="msop_port" default="2368" />
<arg name="difop_port" default="2369" />
<arg name="return_mode" default="1" />
<arg name="time_synchronization" default="false" />
<node pkg = " lslidar_c16_driver " type = " lslidar_c16_driver_node "
name="lslidar_ c16_driver _node" output="screen">
<!--param name="pcap" value="$(find lslidar_c16_driver)/pcap/xxx.pcap" -->
<param name="device_ip" value="$(arg device_ip)" />
<param name="msop_port" value="$(arg msop_port)" />
<param name="difop_port" value="$(arg difop_port)"/>
<!--param name="frame_id" value="laser_link"/-->
<param name="frame_id" value="velodyne"/>
<param name="add_multicast" value="false"/>
<param name="group_ip" value="224.1.1.2"/>
<param name="rpm" value="600"/>
<param name="return_mode" value="$(arg return_mode)"/>
<param name="time_synchronization" value="$(arg time_synchronization)"/>
</node>
<node pkg = " lslidar_c16_decoder " type = " lslidar_c16_decoder_node
"name="lslidar_c16_decoder_node" output="screen">
<!--param name="scan_frame_id" value="laser_link"/-->
<param name="scan_frame_id" value="velodyne"/>
<remap from="/lslidar_point_cloud" to="/points_raw"/>
<param name="min_range" value="0.15"/>
<param name="max_range" value="150.0"/>
<param name="cbMethod" value="true"/>
<param name="config_vert" value="true"/>
<param name="print_vert" value="false"/>
<param name="return_mode" value="$(arg return_mode)"/>
<param name="degree_mode" value="2"/>
```

```
        <param name="config_vert_file" value="false"/>
        <param name="distance_unit" value="0.25"/>
        <param name= "time_synchronization" value="$(arg time_ synchronization)"/>
        <param name="scan_start_angle" value="0.0"/>
        <param name="scan_end_angle" value="36000.0"/>
        <param name="scan_num" value="8"/>
        <param name="publish_scan" value="true"/>
        <remap from="/scan_topic" to="scan"/>
        <param name="echo_second" value="false"/>
        </node>
        <!--node pkg="tf" type="static_transform_publisher" name="laser_link_
to_world" args="0 0 0 0 0 world laser_link 100" /-->
        </launch>
```

（2）启动 Autoware 自动驾驶平台。

（3）在 "Runtime Manager（于 autoware）" 界面中，单击 "Sensing" 标签。

（4）在 "Sensing" 标签页中单击 lslidar_c16，打开右下角的 RViz。

（5）在 "Global Options" 下，将 "Fixed Frame" 修改为 "velodyne"。

（6）单击 "Add" 按钮，添加 "PointCloud2" 控件，将其 "Topic" 选择为 "/points_raw"，这样就能看到小车上激光雷达的点云数据了，如图 3-40 所示。

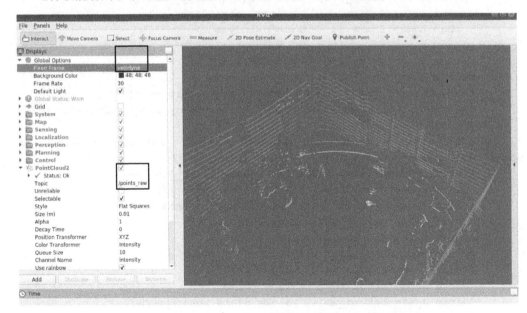

图 3-40　适配 Autoware 环境的镭神激光雷达点云数据可视化

3.4　实验：单目相机和激光雷达的联合标定

本节将介绍单目相机和激光雷达的联合标定。本节内容基于 3.1 节和 3.3 节内容，建议读者阅读完 3.1 节及 3.3 节内容，确定相关传感器驱动安装成功后再进行标定实验。

作为无人驾驶环境感知常用的传感器，激光雷达和相机有各自的优缺点。为了提高系统的稳定性，发挥传感器各自的优势，大多采取多传感器融合的方案。融合又包含不同传感器的时间同步和空间同步。融合的第一步就是传感器的联合标定，而激光雷达和相机的联合标定属于空间同步范畴。

激光雷达与相机联合标定的结果即计算出激光雷达相对于相机的旋转、平移关系，如图 3-41 所示，其基本原理如下。

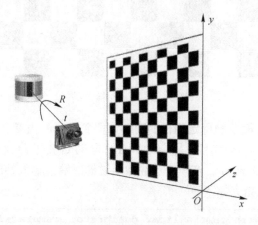

图 3-41　激光雷达与相机联合标定示例

（1）与普通相机标定一样，通过棋盘格标定板的变化算出相机的位姿矩阵。

（2）手动用小圈将点云中对应的标定板框出来，小圈最少包含了两条点云线，两条线即可构成一个面，即标定板所在的平面。

（3）通过激光雷达相对于面的角度推算出激光雷达的姿态，通过面-点云的距离算出其位置。与相机相对比，这样就能得到相机-激光雷达的外参矩阵了。

我们可以把激光雷达和相机的联合标定分为两步：单目相机内参标定和相机-激光雷达联合标定，也就是分别获取单目相机的内参和单目相机与激光雷达的外参。

3.4.1　单目相机内参标定

单目相机和双目相机均可用 Autoware_camera_lidar_calibrator 来标定。此外，我们还需要准备一个棋盘格。我们实验中使用的标定板设置如下：棋盘格的格子数目为 12×9，每个棋盘格的边长为 40 mm，如图 3-42 所示。

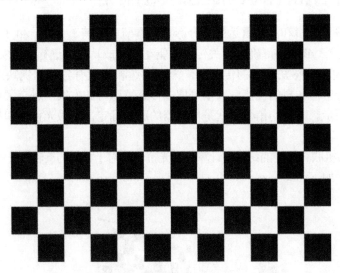

图 3-42　棋盘格标定板

先用上述棋盘格标定板单独标定相机的内参，得到 yaml 内参文件，供后续激光雷达-相机联合标定使用。标定工具使用的是 Autoware 自动驾驶平台自带的相机内参标定工具 Autoware_camera_lidar_calibrator。在一个已经激活过的终端，输入相应的指令。其中，针对标定单目相机，具体的输入指令如下：

```
    rosrun Autoware_camera_lidar_calibrator cameracalibrator.py --square
SQUARE_SIZE --size MxN image:=/image_topic
```

针对标定双目相机，具体的输入指令如下：

```
    rosrun Autoware_camera_lidar_calibrator cameracalibrator.py --square
SQUARE_SIZE --size MxN right:=/image_topic left:=/image_topic
```

例如：

```
    ROSrun Autoware_camera_lidar_calibrator cameracalibrator.py --square
0.04 --size 11×8 image:=/image_raw camera:=/usb_cam
```

其中：

（1）--size 11×8 为当前标定板的大小（内部角点，棋盘格是 12×9 的）。

（2）--square 0.04 为每个棋盘格的边长。

（3）image:=/image_raw 标定当前订阅图像来源自名为"/image_raw"的 Topic。查看订阅图像来源的 Topic 的方式为单目相机正在通过 ROS 发布图像，列出发布的 topic list，输入指令：

```
rostopic list
```

找到对应的 topic，本文显示的是/image_raw。

（4）camera:=/usb_cam 为单目相机名。

标定程序启动之后，会根据设定的棋盘格尺寸自动检测棋盘格的角点。标定的时候，需要在相机的视野范围内不停地摆动棋盘格，使得右上角的 X（左右范围内移动）、Y（上下范围内移动）、Size（标定板移近移远）、Skew（倾斜标定板到一定程度）变为绿色的时候，即覆盖了几乎全部标定板姿态的时候，达到足够数目后，标定按钮"CALIBRATE"就会变为绿色可用。单击该按钮后会自动计算相机的内参矩阵，如图 3-43 所示。计算完成后，单击"SAVE"按钮，默认保存到根目录下（记住这个路径，之后会用到）。图 3-44 和图 3-45 所示为单目相机的内参矩阵及将其保存到根目录。

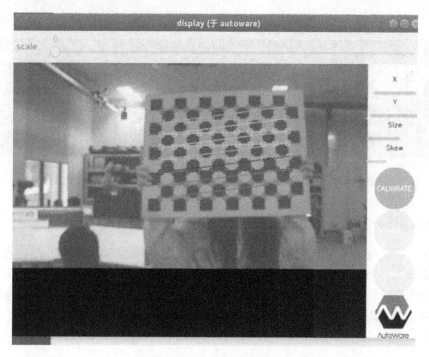

图 3-43　单目相机的内参标定过程

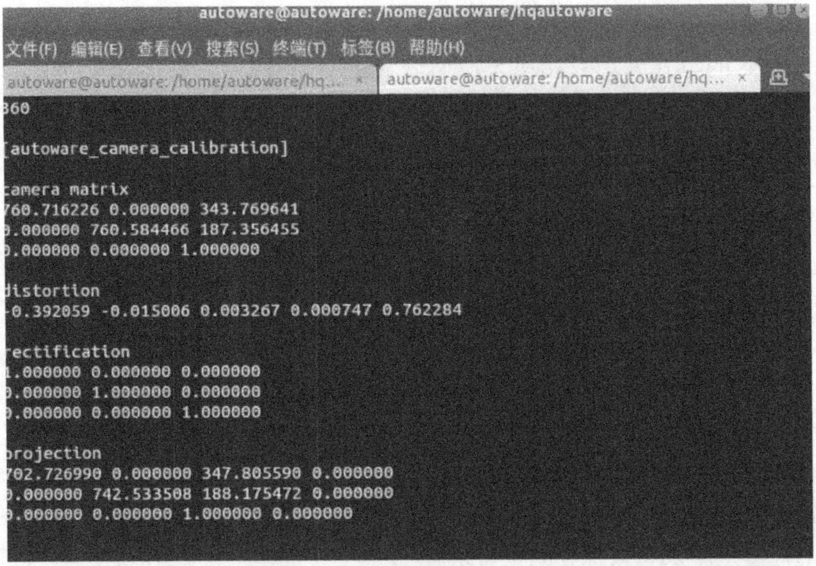

图 3-44　单目相机的内参矩阵

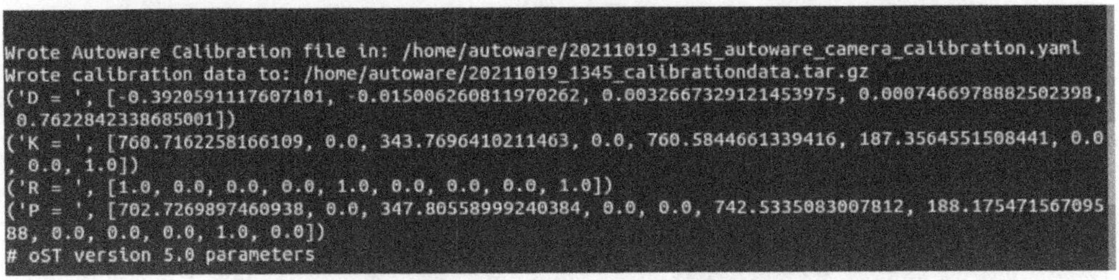

图 3-45　将内参标定结束后自动计算出的内参矩阵保存到根目录

3.4.2　单目相机-激光雷达联合标定

进行联合标定时，使用一样的棋盘格标定板（12×9 个格子，即内侧角点数目为 11×8，每个格子的边长为 40mm），需要在小车上录制激光雷达和相机的 ROSBAG 数据包，然后播放保存后的数据包，用于标定的话题输入：相机（/image_raw）和激光雷达（/points_raw），实际的话题根据使用的激光雷达与相机驱动进行相应修改即可。

1. 录制

（1）同时启动相机和激光雷达，确保环境中存在/image_raw 和/points_raw 这两个话题。

（2）开始录制 ROSBAG 数据包，在一个激活过的终端输入以下指令：

```
rosbag record -O lslidar_camera_Calibration.bag /image_raw /points_raw
```

其中，lslidar_camera_Calibration.bag 可以随意命名，后面跟着的分别是相机与激光雷达的两个话题。

注意：在录制 ROSBAG 数据包的过程中，拿标定板的人需要将标定板始终保持在相机的视角范围内，最好按照规定的站位，以及拿标定板的动作进行。一般来说，规定的站位有 6 个，分别为近距离镜头左边（近距离一般为 5m 内）、近距离镜头中间、近距离镜头右边、远距离镜头左边（远距离依照相机和激光雷达的真实情况而定）、远距离镜头中间、远距离镜头右边；5 个动作分别为正向、下俯、上仰、左偏、右偏。以上站位和动作无先后顺序，自行决定。录制的全程时间最好不要超过 200s，否则可能会引起卡顿。

（3）录制完 ROSBAG **数据**包后，用 rosbag info xxx.bag 查看录制好的 **ROSBAG** 数据包，如图 3-46 所示。

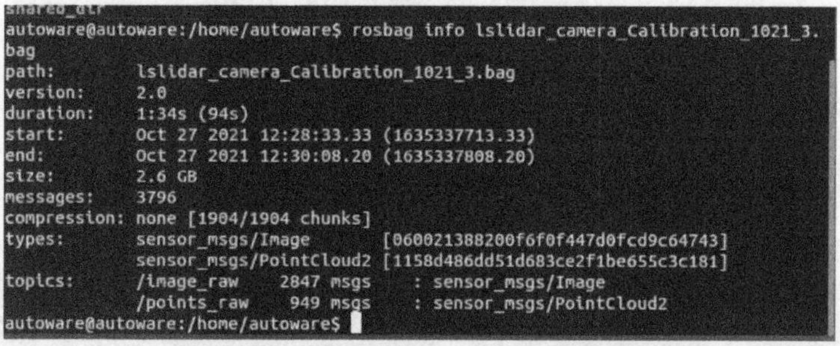

图 3-46　查看录制好的 ROSBAG 数据包

2. 采用 Autoware_camera_lidar_calibrator 工具进行联合标定

（1）使用 Autoware 自带的联合标定工具 Autoware_camera_lidar_calibrator 打开一个 image_view2 控件，如图 3-47 所示，一开始它是黑色的，因为此时没有任何的相机话题数据传输。具体输入指令如下：

```
roslaunch Autoware_camera_lidar_calibrator camera_lidar_calibration.launch
intrinsics_file:=/home/Autoware/Experiments/right_6mm/intrinsic_calibration/1
280x720/65 mm/20210320_0144_Autoware_camera_calibration.yaml image_src:=/image_raw
```

其中，intrinsics_file 为相机的内参矩阵 yaml 文件的绝对路径，image_src 为相机的话题。

（2）播放刚才录制的 ROSBAG **数据**包。具体输入指令如下：

```
rosbag play --loop --pause lslidar_camera_Calibration.bag
```

图 3-47　打开的 image_view2 控件

此时便会看到相机中的画面，如图 3-48 所示。

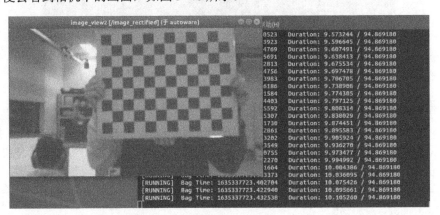

图 3-48　播放 ROSBAG 数据包，在 image_view2 控件中显示相机中的画面

注意：播放 ROSBAG 数据包的时候，最好加上--loop 和--pause 这两个参数，前者是循环播放，后者是启动后为暂停状态（方便打开"RViz"界面后进行操作，否则会一直运行）。输入以上指令后，终端先是显示图 3-49 中的状态，因为一开始加上了--pause 参数。如果要开启播放状态，则只需要在终端输入空格键，利用空格键来切换播放和暂停的状态即可。

图 3-49　利用空格键切换播放 **ROSBAG** 数据包的状态

（3）打开"RViz"界面，在该界面中，将左侧的"Fixed Frame"设置为"velodyne"。

（4）单击"Add"按钮，添加"image"和"PointCloud2"控件，用于显示相机与点云的话题"/image_raw"和"/points_raw"。

（5）在"Views"标题下，将"Type"设置为"XYOrbit(rviz)"，即点云编辑模式，如图 3-50 和图 3-51 所示。

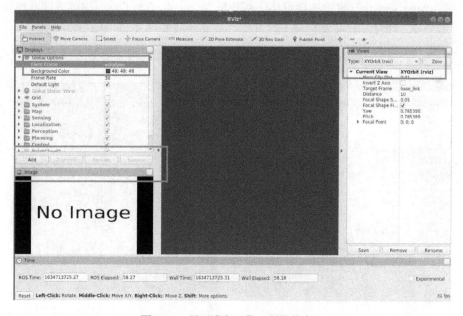

图 3-50　显示准备工作（暂停状态）

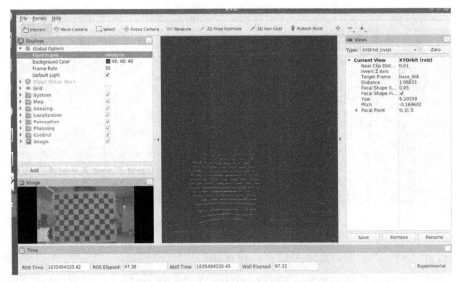

图 3-51　显示准备工作（启动状态）

（6）设置好上述标定工具的状态后，开始进行联合标定。

① 在播放 ROSBAG 数据包的终端，选择合适的时机按下空格键。

② 在 image_viewer2 窗口的棋盘格区域随机选一个点（为了后面测试方便，选择棋盘格最中央的那个点。注意：只需要轻点一次就行，不要误触多点），如图 3-52 所示。

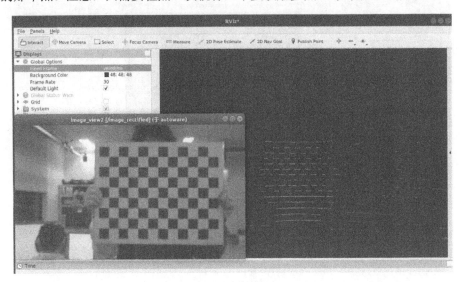

图 3-52　选取图像像素点

③ 切回到"RViz"界面，单击"Publish Point"标签，并在点云视窗中与相机画面 image_viewer 控件上差不多位置的地方选取一个点云，如图 3-53 所示。

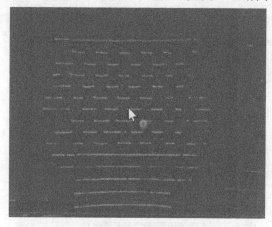

图 3-53　选取点云

④ 拾取完点云后，终端会有反应，即在终端显示图像像素点与点云点对获取完毕，如图 3-54 所示。

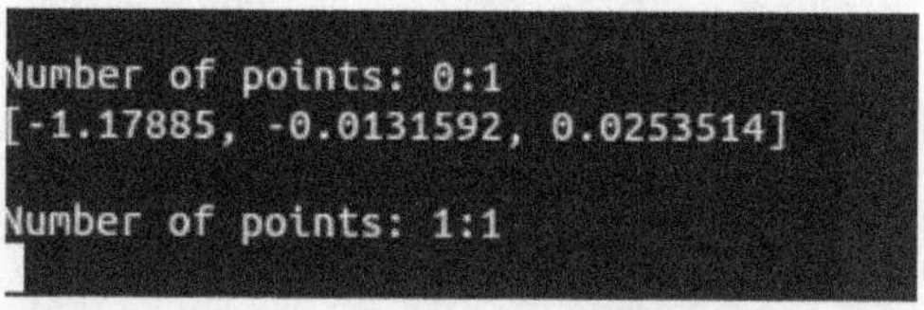

图 3-54　显示图像像素点与点云点对获取完毕

⑤ 切回到 ROSBAG 数据包播放终端，按空格键继续播放，在合适的位置暂停，开始第二个像素点与点云点对拾取操作。

⑥ 重复 9 次 image_viewer 控件和 RViz 上的像素点与点云点对拾取操作，此时已经有足够的数据可以计算相机-激光雷达的外参矩阵了，该程序终端会自动计算外参标定矩阵，并默认将其保存到根目录下（记住这个文件路径）。

3．验证标定结果

完成激光雷达与相机的联合标定后，就可以对计算得到的外参矩阵结果进行验证了。具体步骤如下所示。

（1）如图 3-55（a）所示，启动播放 ROSBAG 数据包，并重新启动 Autoware 自动驾驶平台。

（2）如图 3-55（b）所示，在弹出的"Runtime Manager（于 autoware）"界面中，单击"Sensing"标签。在"Sensing"标签页中，单击"Calibration Publisher"按钮。

（3）如图 3-55（c）所示，弹出"calibration-publisher（于 autoware）"对话框。在该对话框中，单击"Ref"按钮，加载联合标定后得到的外参矩阵 yaml 文件。

（a）启动播放ROSBAG数据包   （b）"Sensing"标签页

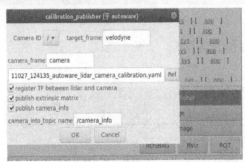

（c）"calibration_publisher(于autoware)"对话框

图 3-55　加载外参矩阵

（4）如图 3-56（a）所示，在"Sensing"标签页中，单击"Points Image"按钮。

（5）如图 3-56（b）所示，在弹出的"sel_cam_and_sync（于 autoware）"对话框中设置"Camera ID"，选择相应的相机。

（6）单击"RViz"按钮。在弹出的"RViz"界面中，将"Fixed Frame"设置为"velodyne"，如图 3-56（c）所示。

（7）在"RViz"界面中，单击"Panels"→"Add New Panel"，在弹出的"rviz"对话框中选择"ImageViewerPlugin"插件，如图 3-56（d）所示。

（8）单击"rviz"对话框中的"OK"按钮，退出该对话框。

（9）将"RViz"界面中的"Image Topic"设置为"/image_raw"，将"Point Topic"设置为"points_raw"，如图 3-56（e）所示。

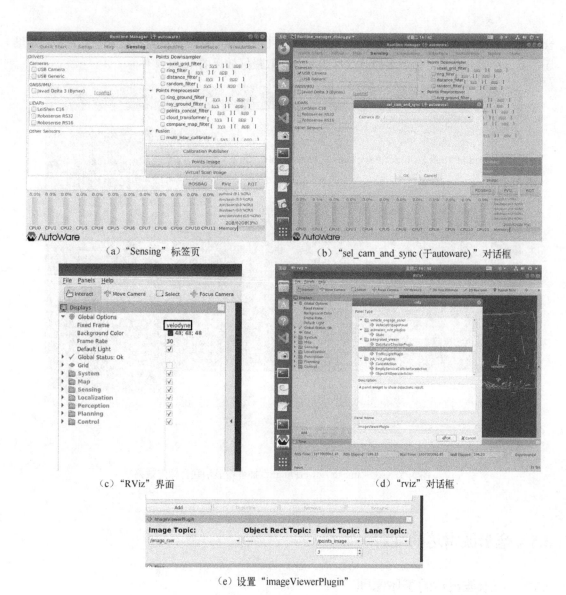

（a）"Sensing"标签页　　　　　　　　（b）"sel_cam_and_sync（于autoware）"对话框

（c）"RViz"界面　　　　　　　　　　　（d）"rviz"对话框

（e）设置"imageViewerPlugin"

图 3-56　"imageViewerPlugin"插件的话题选择

　　完成以上设置后，在"ImageViewerPlugin"插件中即可看到激光雷达与相机的联合标定效果了，如图 3-57 所示。

　　注意：需要将插件往上提拉到一个相对大的位置，这样才能显示图像。

　　从图 3-57 中的重投影效果可以看出，红线大部分都在标定板上，说明激光雷达和相机联合标定生成的外参矩阵的重投影误差比较小，但图 3-57 中红线与棋盘格线未全部重合，后续还需要继续提升效果，或者多做几次标定实验选取最好效果的 yaml 文件。

图 3-57　在"imageViewerPlugin"插件中显示联合标定效果

3.5　毫米波雷达的配置

3.5.1　毫米波雷达的工作原理

所谓的毫米波，它是无线电波中的一段，我们将波长为 1～10mm 的电磁波称为毫米波，其位于微波与远红外波相交叠的波长范围，因而兼有两种波谱的特点。毫米波的理论与技术分别是微波向高频的延伸和光波向低频的发展。所谓的毫米波雷达，就是指工作频段在毫米波频段的雷达，测距原理跟一般雷达一样，即将无线电波（雷达波）发出去，然后接收回波，根据收发之间的时间差测得目标的位置数据。毫米波雷达就是无线电波的频率在毫米波频段。

　　根据辐射电磁波方式的不同，毫米波雷达主要分为脉冲类型的毫米波雷达和连续波类型的毫米波雷达。其中，脉冲类型的毫米波雷达的测距原理与激光雷达的相似（见图 3-58），探测技术复杂，成本较高。

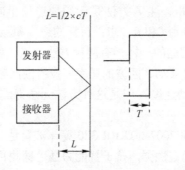

图 3-58　脉冲类型的毫米波雷达的测距原理

　　连续波类型的毫米波雷达又可分为恒频连续波（CW）类型的毫米波雷达、频移键控连续波（FSK）类型的毫米波雷达和调频连续波（FMCW）类型的毫米波雷达。其中，CW 类型的毫米波雷达只用于测速，但不可用于测距；FSK 类型的毫米波雷达可以探测单个目标的距离和速度；FMCW 类型的毫米波雷达是最常用的车载毫米波雷达，可对多个目标进行距离、速度的探测，分辨率高，技术成熟。连续波类型的毫米波雷达的测距原理如图 3-59 所示。

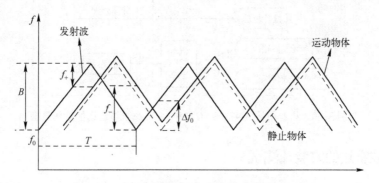

图 3-59　连续波类型的毫米波雷达的测距原理

　　假设发射的中心频率为 f_0，B 为频带宽度，T 为扫频周期，调制信号为三角波，c 为光速，R 和 v 分别为目标的相对距离和相对速度。在发射信号的上升段和下降段，中频输出信号可以表示为

$$f_+ = \left| \frac{4B}{T}R - \frac{2f_0 v}{c} \right|, \ f_- = \left| \frac{4B}{T}R + \frac{2f_0 v}{c} \right|, \ R = \frac{|f_+ + f_-|T}{4B}, \ v = \frac{|f_- - f_+|c}{4f_0}$$

从上式可以看出，目标的速度和距离都和中频信号相关。为了获得目标的相关信息，必须对中频信号进行实时频谱分析，主要方法是运用快速傅里叶变换（FFT）。对于单目标来说，快速傅里叶变换能够直接得到 f_- 和 f_+，求得目标的速度和距离。

毫米波雷达的测速和普通雷达的一样，有两种方法：第一种基于 Dopler 原理，即当发射的电磁波和被探测的目标有相对移动、回波的频率和发射波的频率不同时，通过检测频率差就可以测得目标相对于雷达的移动速度，但是这种方法无法探测切向速度；第二种通过跟踪位置，进行微分得到速度。

我们使用的是承泰科技 AN77007-CTLRR-320 毫米波雷达，它属于 FMCW 类型的毫米波雷达，穿透能力强，精度高，稳定性强，抗干扰能力强。探测目标的类型包括静止及运动的目标（车辆/行人/障碍物等），支持目标分类。本节记录总结了低速无人车上的承泰科技 AN77007-CTLRR-320 毫米波雷达在 Autoware 自动驾驶平台上的配置过程，用于前车防碰撞算法的研究。其中，该雷达的工作原理如图 3-60 所示。

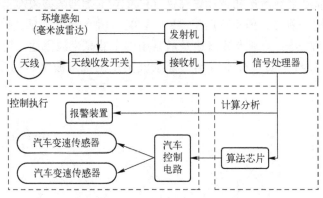

图 3-60　承泰科技 AN77007-CTLRR-320 毫米波雷达的工作原理

3.5.2　毫米波雷达的安装及测试

毫米波雷达通过 USB CAN Ⅱ设备实现与小车的数据交换。其中，毫米波雷达的 ACC、GND 线（红黑线）接在 12V 电源上；CAN_L、CAN_H 线接在 CAN 卡对应的插口上，如图 3-61 所示。图 3-61 只是为了向读者展示毫米波雷达的具体接线方式，实际上我们是将毫米波雷达和底盘接在一个 CAN 卡上的，如图 3-62 所示。因为没内置的终端电阻，所以我们额外连接了一个 120Ω 的终端电阻。

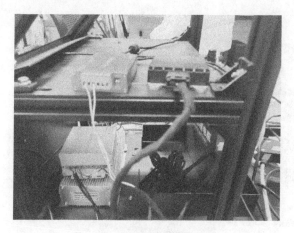

图 3-61　毫米波雷达连线图　　　　　　　　　图 3-62　实际使用的 CAN 卡

接好线后就可以给 CAN 卡通电，将 CAN-USB 线接到我们的 PC 上，进行简单的测试，观察接线是否正常，具体步骤如下所示。

（1）如图 3-63 所示，在 Windows 中打开 CANTest 软件（周立功 CAN 卡的上位机软件），勾选"同时打开全部 CAN 通道"，"波特率"选择 500kbps，单击"确定并启动 CAN"按钮，运行 CANTest 软件，打开设备。如果使用的是其他品牌的 CAN 卡，读者可以自行从官网下载对应的上位机软件。

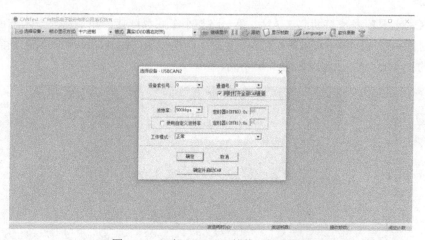

图 3-63　运行 CANTest 软件，打开设备

（2）我们可以看到 CAN 卡接收到的毫米波雷达的数据，即通道 1 发出来的数据，此时CAN 卡指示灯的状态为 SYS、CAN0、CAN1。毫米波雷达的数据帧如图 3-64 所示。

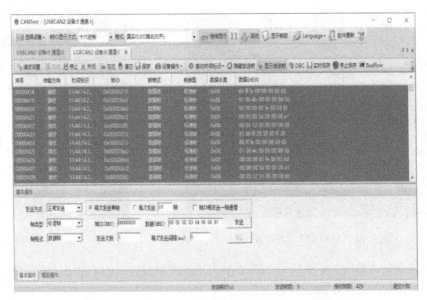

图 3-64　毫米波雷达的数据帧

3.5.3　毫米波雷达的适配

1．概要

USB CAN Ⅱ设备支持两路 CAN：第一路与小车底盘连接；第二路与毫米波雷达连接。因为同一时间只能有一个进程 USB CAN Ⅱ设备，所以第二路 CAN 的收发在底盘驱动中实现。具体的"mvradar"话题流如图 3-65 所示。

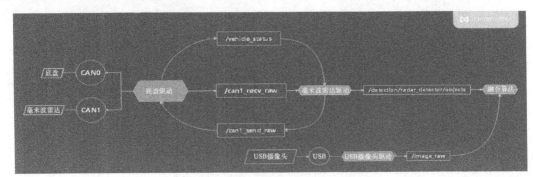

图 3-65　具体的"mwradar"话题流

（1）底盘驱动：发布"/can1_recv_raw"和"/vehicle_status"话题，订阅"/can1_send_ raw"话题，接收来自毫米波雷达的 CAN 数据。其中，通过"/can1_recv_raw"话题发送 CAN 数据给毫米波雷达驱动；通过"/can1_send_raw"话题接收来自毫米波雷达驱动的 CAN 数据（车辆速度、航向角），并发送给毫米波雷达。

（2）毫米波雷达驱动：订阅"/can1_recv_raw"话题，发布"/can1_send_raw"和"/detector/radar_detector /objects"话题。从收到的 CAN 数据中解析检测到的目标，并发布消息，同时发送车辆的速度给毫米波雷达。时间戳用 CAN 数据的时间戳（底盘驱动收到 CAN 报文时的当前系统时间）。

（3）融合算法：订阅"/image_raw"和"/detector/radar_detector/objects"话题。其中，通过"/image_raw"话题获取相机图像；通过"/detector/radar_detector/objects"话题获取毫米波雷达检测到的目标。

2. 实现

（1）对底盘驱动进行修改，增加两路 CAN 收发支持。需要修改 9 个文件，以下是 9 个文件在 Autoware 工作空间中的相对路径：

① src/drivers/awf_drivers/yhs/include/cansend.h；

② src/drivers/awf_drivers/yhs/include/yhs.h；

③ src/drivers/awf_drivers/yhs/include/yhs_interface.h；

④ src/drivers/awf_drivers/yhs/include/yhs_ROS.h；

⑤ src/drivers/awf_drivers/yhs/launch/yhs_interface.launch；

⑥ src/drivers/awf_drivers/yhs/node/yhs_interface/cansend.cpp；

⑦ src/drivers/awf_drivers/yhs/node/yhs_interface/yhs.cpp；

⑧ src/drivers/awf_drivers/yhs/node/yhs_interface/yhs_interface.cpp；

⑨ src/drivers/awf_drivers/yhs/node/yhs_interface/yhs_ROS.cpp。

（2）在 yhs_interface.launch 文件中增加毫米波雷达驱动的启动，具体修改如下所示：

```
--- a/src/drivers/awf_drivers/yhs/launch/yhs_interface.launch
+++ b/src/drivers/awf_drivers/yhs/launch/yhs_interface.launch
@@ -18,6 +18,9 @@
<param name="command_timeout" value="$(arg command_timeout)"/> </node>
+   <node pkg="mwradar" name="mwradar" type="can_ctlrr" output="screen">
+   </node> +
<include file="$(find ds4_driver)/launch/ds4_driver.launch" if="$(arg use_ds4)">
<arg name="wired" value="$(arg ds4_wired)" />
<arg name="timeout" value="$(arg ds4_timeout)" />
```

（3）增加毫米波雷达驱动，主要实现从 CAN 数据中解析出传感器的跟踪目标，并发送车辆的速度信息给毫米波雷达。相关文件在 Autoware 工作空间中的相对路径如下：

① src/drivers/awf_drivers/mwradar/；

② src/drivers/awf_drivers/mwradar/package.xml；

③ src/drivers/awf_drivers/mwradar/CMakeLists.txt；

④ src/drivers/awf_drivers/mwradar/nodes；

⑤ src/drivers/awf_drivers/mwradar/nodes/ctlrr；

⑥ src/drivers/awf_drivers/mwradar/nodes/ctlrr/ctlrr_320.cpp。

CAN 的关键数据帧如表 3-2 所示。

表 3-2　CAN 的关键数据帧

帧 ID（十进制）	帧 ID（十六进制）	备注
1013	3f5	车辆速度信息输入
1014	3f6	车辆偏航角输入
528	210	雷达运行状态
1696	6a0	传感器跟踪目标列表
1712	6b0	速度、距离、角度
1728	6c0	高度、俯仰角
1520	5f0	结束帧

备注：暂时没有使用 6c0 帧；3f6 帧暂时没有取实际航向角。

3.5.4　适配过程中相关数据的对应关系

DetectedObject 中的信息来自 CAN6b0 报文。Autoware_msgs::DetectedObject 字段与 CAN6b0 数据帧字段的对应关系如表 3-3 所示。

表 3-3　Autoware_msgs::DetectedObject 字段与 CAN6b0 数据帧字段的对应关系

Autoware_msgs::DetectedObject 字段	CAN6b0 数据帧字段	备注
id	ID	目标 ID
velocity.linear.y	LatVel	横向速度
velocity.linear.z	Speed	速度
pose.position.x	Range×cos(angle/180.0×π)	纵向距离，单位：m
pose.position.y	Range×sin(angle/180.0×π)	横向距离，单位：m
angle	Angle	角度，单位：deg

CAN3f5 报文用于给毫米波雷达发送车辆的速度信息。CAN3f5 数据帧字段与 Autoware_sgs:: VehicleStatus 字段的对应关系如表 3-4 所示。

表 3-4　CAN3f5 数据帧字段与 Autoware_msgs:: VehicleStatus 字段的对应关系

CAN3f5 数据帧字段	Autoware_msgs::VehicleStatus 字段	备注
HostVelocity1	abs(speed)	本车车速，单位：km/h
Direction	speed	速度方向，大于 0 前进

3.5.5　毫米波雷达在 Autoware 系统下的调试

1．用 ROS 指令调试

1）rosnode list

（1）开启一个终端，启动 Docker 并进入 Autoware 的工作空间。

（2）运行底盘的驱动程序，理论上毫米波雷达的驱动也随之启动。

（3）另开启一个终端，启动 Docker 并进入 Autoware 的工作空间。

（4）在终端输入"rosnode list"指令，这样就可以看到当前的节点。在本章中，我们关注的节点主要是"/usb_can"和"/mvradar_*"。

2）rosnode info

在终端中输入"rosnode info"指令可以查看节点的信息，包括某个节点发布及订阅的话题、进程 ID、连接等。图 3-66 是查看"/mwradar_gcan"这一节点信息的例子。

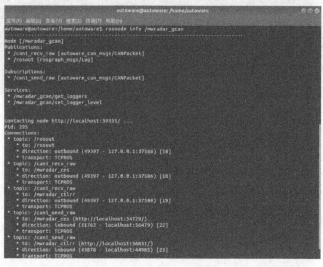

图 3-66　查看"/mwradar_gcan"这一节点的信息

3）rostopic list

在终端中输入"rostopic list"指令可以列出当前的话题。在本章中，我们关注的话题主要有"/can1_recv_raw"、"/can1_send_raw"和"/detector/radar_detector /objects"。

4）rostopic hz

在终端中输入"rostopic hz **"指令可以查看对应话题的频率，如开启一个终端，启动Docker 并进入 Autoware 的工作空间，运行底盘的驱动程序之后，另开启一个终端，进入Autoware 工作空间后，输入"rostopic hz /detection/mwradar_detector/objects"指令后可以看到如图 3-67 所示的结果。

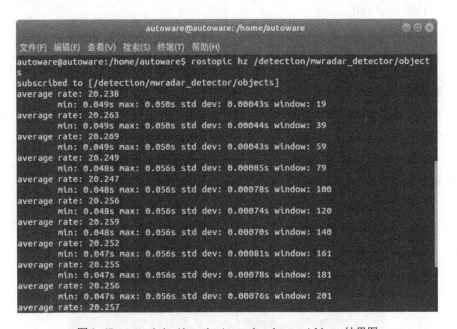

图 3-67　rostopic hz /detection/mwradar_detector/objects 结果图

5）rostopic echo

在终端中输入"rostopic echo –p /can1_recv_raw"指令可以显示"/can1_recv_raw"话题的消息，即从毫米波雷达收到的 CAN 报文。图 3-68 所示即为毫米波雷达的数据帧，第一行显示了之后行各字段的含义，用","作为分隔符。

在终端中输入"rostopic echo –n1 /detection/mwradar_detector/objects"指令可以显示毫米波雷达检测到的目标，如图 3-69 所示为从报文中解析检测到的目标。

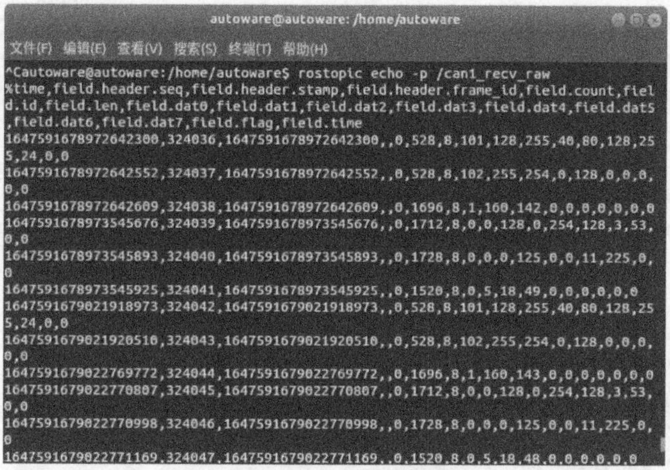

图 3-68　毫米波雷达的数据帧

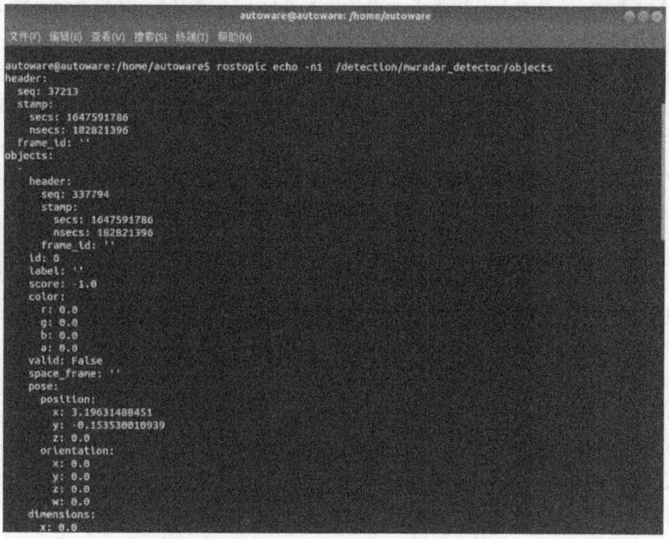

图 3-69　从报文中解析检测到的目标

由于消息内容很长，这里只展示了前半段。

6）python 示例

python 示例代码演示了订阅"/image_raw"和"/detection/radar_detector/objects"话题，接收相关话题消息后，显示相机图像，打印毫米波雷达检测到的目标。具体代码如下所示：

```
demo_camera_mwrada r.py
#!/usr/bin/env python
#!coding=utf-8
import rospy
import numpy as np
from sensor_msgs.msg import Image
from autoware_msgs.msg import DetectedObjectArray
from cv_bridge import CvBridge, CvBridgeError
import cv2
def image_callback(image):
    global bridge
    cv_img = bridge.imgmsg_to_cv2(image)
    cv2.imshow("frame" , cv_img)
    cv2.waitKey(3)
def objects_callback(detected_objects):
    print 'objects', len(detected_objects.objects), detected_objects.
header.seq, detected_objects.header.stamp.secs, detected_objects.header.stamp.
nsecs
    for object in detected_objects.objects:
        if object.velocity.linear.z or object.velocity.linear.y :
            print ' *', object.id, '(', object.pose.position.x, ',', object.
pose.position.y, ')', object.angle, 'degree', object.velocity.linear.z, object.
velocity.linear.y, 'm/s'
        else :
            print ' ', object.id, '(',object.pose.position.x, ',', object.
pose.position.y, ')', object.angle, 'degree'
    cv2.waitKey(3)
def main():
    rospy.init_node('camera_mwradar', anonymous=True)
    global bridge
    bridge = CvBridge()
    # camera image
    rospy.Subscriber('/image_raw', Image, image_callback)
    # radar
    rospy.Subscriber('/detection/radar_detector/objects',DetectedObject
Array, objects_callback)
    rospy.spin()
if __name__ == '__main__':
    main()
```

其中，相机图像话题可能需要根据实际情况进行修改。

如图 3-70 所示，object 3 表示检测到了 3 个目标，它们的坐标（x, y）分别在每一行中列出，因为调试阶段中的毫米波雷达并没有安装在车的前方，所以请读者不必介意检测到的目标没有与图像对应起来。

图 3-70　显示相机图像，打印毫米波雷达检测到的目标

3.5.6　遇到问题总结

1. 消息 md5sum 不一致

在终端中输入"rostopic echo /vehicle_status"指令，如果提示"消息 md5sum 不一致"，可以先运行"source install/setu p.bash"后再运行"rostopic"指令解决。

2. CAN 数据丢包

在发布、订阅话题时，使用的队列长度太小导致 CAN 数据包丢失，可以通过加大队列长度来解决。

3.6　北云 RTK 定位板的配置

本节主要介绍了如何使用 GNSS 和 RTK 技术对小车进行高精度定位，总结了北云 RTK 基站和流动站的配置方法。本文使用的设备有北云科技的高精度组合导航板卡 A1、高精度定位定向板卡 C1，以及驿唐科技的 DTU。其中，A1 放在小车上当作流动站，C1 放在楼顶或空旷处当作基准站。同时，记录总结了 A1 在 Autoware 自动驾驶平台上的适配过程及其相关经验。

3.6.1　RTK 定位板的工作原理

GNSS 定位的基本原理是：测量出已知位置的卫星到地面 GNSS 接收器之间的距离，接收器通过至少与 4 颗卫星通信，计算其与这些卫星间的距离，这样就能确定其在地球上的具体位置。普通 GNSS 的定位精度大于或者等于 1m，信号误差有 50% 的概率会达到 2m 以上。另外，GNSS 无法支持精准定高，误差可能高达十几米。那么，GNSS 定位误差是怎么产生的呢？

（1）大气层影响：大气层中的电离层和对流层对电磁波的折射效应，使得 GNSS 信号的传播速度发生变化，从而让 GNSS 信号产生延迟。

（2）卫星星历误差：由于卫星在运行中会受到复杂的外力作用，而地面控制站和接收终端无法测定和掌握其规律，从而无法消除产生的误差。

（3）卫星钟差：卫星钟差是指 GNSS 卫星时钟与 GNSS 标准时间的差别。卫星上使用铯原子钟，所以两者的时间也许不同步。

（4）多路径效应：GNSS 信号也有可能是在不同的障碍物上反射后才被接收到的，即所谓的"多路径效应"。

RTK（Real Time Kinematic），即载波相位差分技术，它能够实时地提供测站点在指定坐标系中的三维定位结果，并达到厘米级精度。在 RTK 作业模式下，基站采集卫星数据，并通过数据链将其观测值和站点坐标信息一起传送给移动站，而移动站通过对所采集到的卫星数据和接收到的数据链进行实时载波相位差分处理（历时不足一秒），得出厘米级的定位结果。而要理解 RTK 技术，需知道"差分"是什么？"差分"就是将 GNSS 的误差想方设法分离出，在已知位置的参考点上装上基站就能知道定位信号的偏差。将这个偏差发送给需要定位的移动站，移动站就可以获得更精准的位置信息。图 3-71 简单地说明了 RTK 的工作原理。

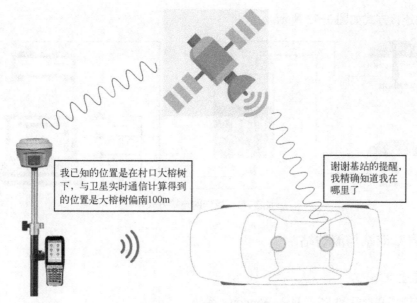

图 3-71　RTK 的工作原理

　　北云 RTK 需要分别配置 RTK 基站和 RTK 流动站。RTK 基站与 DTU 通过串口连接，在 DTU 中插入 SIM 卡，通过 4G/5G 网络将信息发送至服务器（Server）端。RTK 流动站通过串口-USB 线连接至 PC，在服务器端建立虚拟串口，将基站的差分信息经过 PC 通过串口-USB 线传送给 RTK 流动站，正确配置流动站后就可以获取固定解，具体流程如图 3-72 所示。

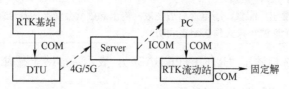

图 3-72　RTK 流程图

3.6.2　RTK 定位板的连接方式

　　C1 和 A1 的连线相似，唯一不同的是 A1 接了 ANT1 和 ANT2 两根天线，分别用作定位和定向，而 C1 只接了一根天线。

　　① 将 GNSS 天线置于无遮挡的环境中，使用射频线缆连接板卡和天线。

　　② 使用一分二串口线的 COM 口连接板卡的 COMM1 和 COMM2，USB 端连接 PC。

　　③ 板卡连接电源并通电，检查板卡的电源指示灯是否常亮。

板卡的连接方式如图 3-73 所示。

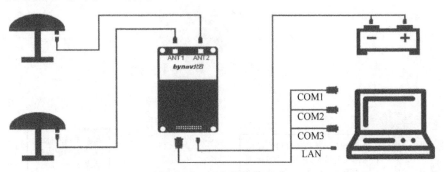

图 3-73　板卡的连接方式

3.6.3　配置基准站与流动站

1. 配置基准站

（1）连接好基准站和 PC，进入 Windows 系统。

（2）从北云官网上下载上位机软件（BY_Connect），并打开上位机软件。

（3）在弹出的界面中依次单击"连接"-> "set"，设置波特率为 115200。

（4）单击"Open"按钮，在上位机软件的指令输入框中依次输入以下指令：

> **interfacemode com3 bynav bynav**（配置端口的输入输出数据类型为 **bynav**）
> **rtktype base**（设置为基准站）
> **saveconfig**（保存配置）
> **freset**（恢复出厂配置，断电重启后生效。内部参数就会切换成基准站模式的默认设置）
> **rtktype**（查询 **RTK** 模式确认配置成功）

（5）此时若 COM3 口输出"RTKTYPE BASE"，表示基准站配置成功，如图 3-74 所示。

图 3-74　基准站配置成功示意图

2. 配置流动站

（1）连接好流动站和 PC，打开上位机软件（BY_Connect）。

（2）在弹出的界面中依次单击"连接"-> "Set"，设置波特率为115200。

（3）单击"Open"按钮，在上位机软件的指令输入框中依次输入以下指令：

> **interfacemode com3 bynav bynav**（配置端口的输入输出数据类型为 **bynav**）
> **rtktype rover**（设置为基准站）
> **saveconfig**（保存配置）
> **freset**（恢复出厂配置，断电重启后生效。内部参数就会切换成基准站模式的默认设置）
> **rtktype**（查询 **RTK** 模式确认配置成功）

（4）此时若 COM3 口输出"RTKTYPE ROVER"，表示
流动站配置成功，如图 3-75 所示。

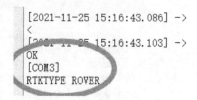

```
[2021-11-25 15:16:43.086] ->
<
[2021-11-25 15:16:43.103] ->
OK
[COM3]
RTKTYPE ROVER
```

3. 其他测试方法

当我们在配置 RTK 的过程中遇到了问题时，首先可以
检查一下基准站和流动站各个串口的数据类型与波特率，确
认之前是否已配置好。在上位机软件的指令输入框中输入相

图 3-75　流动站配置成功示意图

应的指令检查。如图 3-76 所示的"log comconfig"输出结果，COM2 口的数据类型必须是
RTCM，COM3 口的数据类型必须是 BYNAV，如果不对，自行修改。我们在上位机软件中使
用的指令可以参照文档"AN013_X1_A1_C1_常用指令_北云科技"中的相关内容。

```
log comconfig

[2021-11-25 15:19:01.698] ->
OK
[C
[2021-11-25 15:19:01.724] ->
OM3]
COM1 115200 N 8 1 IN:AUTO OUT:AUTO
COM2 115200 N 8 1 IN:RTCM OUT:RTCM
COM3 115200 N 8 1 IN:BYNAV OUT:BYNAV
COM4 0 N 0 0 IN:NONE OUT:NONE
```

图 3-76　"log comconfig"输出结果

3.6.4　配置数据传输单元（DTU）

基准站的差分数据通过 DTU 上传至驿唐物联网终端管理云平台。配置 DTU 的具体步骤
如下所示。

（1）从驿唐官网下载"DTU 批量配置软件"。

（2）运行此软件。

（3）连接好计算机串口与 DTU，并在软件的最上一栏单击"设置"图标。

（4）在"设置"界面中选择 COM 口编号。

（5）单击"开始配置"或"开始更新"图标并在 30s 内迅速接通电源。

具体的配置信息如图 3-77 和图 3-78 所示。

图 3-77　DTU 配置信息（a）

图 3-78　DTU 配置信息（b）

3.6.5　配置无线串口通

　　配置无线"串口通"软件是为了登录服务器，以便将基准站上传的差分数据拿出来。"串口通"软件可以在驿唐官网上进行下载。

　　首先，设置"串口通"软件中的参数。打开"串口通"软件，在"串口通"软件的主界面中单击"设置"图标。在弹出的"参数设置"对话框中，设置"mServer 地址"和"mServer 端口"，以及"登录账号"和"登录密码"，如图 3-79 所示。

图 3-79　"串口通"软件的参数设置

　　其次，单击"串口通"软件主界面中的"添加终端"图标，在弹出的"添加终端"对话框中输入 IMEI 号（DTU 背面有此信息）。若状态为在线，则表示添加成功，如图 3-80 所示。同时，在 Web 上也可以看到我们的终端信息，如图 3-81 所示。

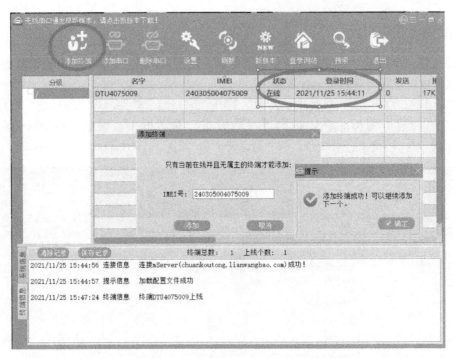

图 3-80　为"串口通"软件添加终端

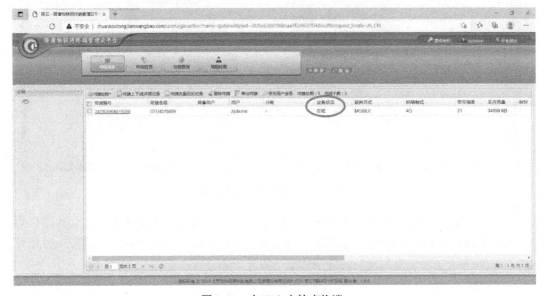

图 3-81　在 Web 上检查终端

3.6.6　获取流动站的单点解

本节将介绍如何使用上位机软件获取流动站的单点解，具体步骤如下所示。

（1）在 Windows 系统中打开上位机软件（BY_Connect）。

（2）在上位机软件的主界面中依次单击"连接"->"Set"。

（3）打开与流动站 COM3 口连接的 PC 串口，设置波特率为 115200。

（4）若右下角显示红色字体的"SINGLE"，则表示成功，图 3-82 所示是正常的单点解状态。

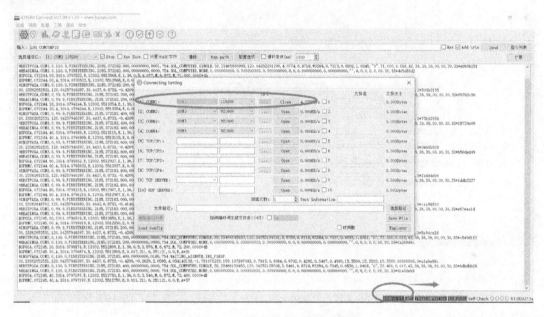

图 3-82　正常的单点解状态示意图

3.6.7　通过 RTK 技术得到固定解

前面讲到基准站的数据是通过 DTU 上传到服务器的，这里我们通过在服务器上建立一个虚拟串口，然后经过 PC 将差分数据传送到流动站。具体步骤如下所示。

（1）打开"串口通"软件，选中我们的终端。

（2）在"串口通"软件的主界面中单击"添加串口"图标，在弹出的"添加串口"对话框中输入要映射的"串口号"，单击"确定"按钮，如图 3-83 所示。

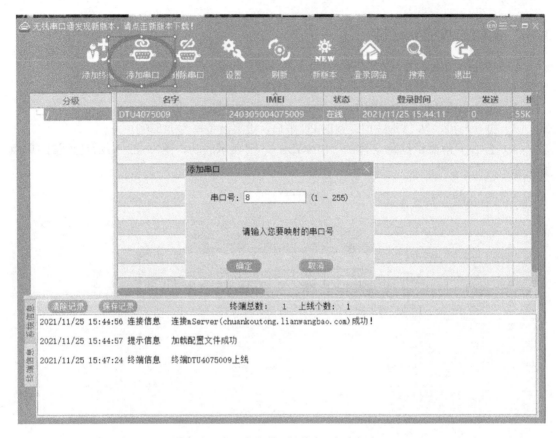

图 3-83　在"串口通"软件中添加虚拟串口

（3）打开板卡的上位机软件（BY_Connect），在上位机软件的主界面中依次单击"连接"-> "Set"，打开虚拟串口。

（4）在数据输出窗口的上面一栏勾选"Hex Show"，若十六进制的数据开头为"D3 00"，如图 3-84 所示，则表示差分数据正常。

（5）在上位机软件的主界面中依次单击"连接"-> "Set"，打开 COM3 口，关闭虚拟串口（在我们的例子中是 COM8）。

（6）在上位机软件的主界面中依次单击"连接"-> "RTCM"，在弹出的对话框中设置通信方向为从虚拟串口到流动站 COM2 口，即设置"Input"下的"Com/Baud"为"COM8，115200"，"Output"下的"Com/Baud"为"COM2，115200"。

（7）单击"Start"按钮。若 Speed 不为 0，则表示有数据开始传输，此时右下角会显示绿色的"NARROW_INT"，得到固定解，如图 3-85 所示。

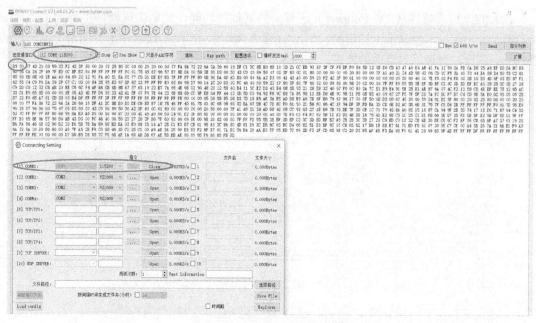

图 3-84　正常的差分数据示意图

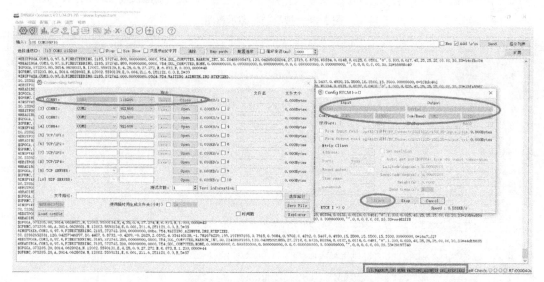

图 3-85　正常的固定解状态示意图

注意：使用 RTK 时，在 BY_Connect 中必须关闭虚拟串口，否则会因为串口的占用导致 RTK 失败。

　　北云的上位机软件（BY_Connect）还有一些其他的功能，如单击该软件主界面最上面一栏的第四个小图标，会显示出搜星的状态，如图 3-86 所示；单击该软件主界面最上面一栏的第五个小图标，会显示出运动的轨迹，如图 3-87 所示。

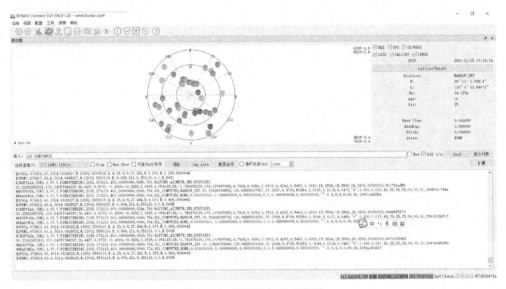

图 3-86　搜星的状态示意图

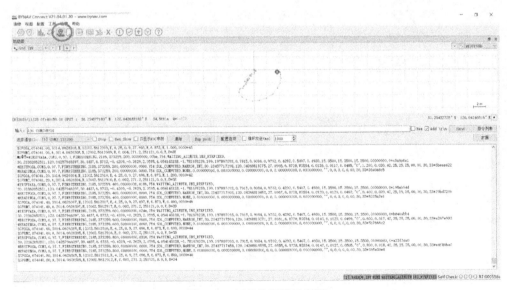

图 3-87　运动的轨迹示意图

3.6.8　A1 板卡适配进 Autoware

在本节中，我们只用到了模块的 GNSS 功能，使用 Autoware 自带的代码已经实现，无须额外修改。我们只需要配置北云模块输出 GPGGA（定位信息）、GPRMC（速度信息）、PASHR（航向信息，nmea2pose 节点用于获取 roll、pitch、yaw 信息）语句即可。我们希望能在小车的 Autoware 自动驾驶平台上看到 GNSS 报文，以及得到定位的（经纬度、高度、相对位置坐标）数据。具体步骤如下所示。

（1）在 Windows 系统中打开上位机软件（BY_Connect），在软件的指令输入框中输入下列指令进行配置：

```
unlogall com3
serialconfig com3 115200
log com3 gpgga ontime 1
log com3 gprmc ontime 1
log com3 pashr ontime 1
saveconfig
reboot
```

（2）配置完成后，输入下面的指令检查刚才的配置是否正确：

```
log loglist
```

如图 3-88 所示是流动站配置成功示意图。

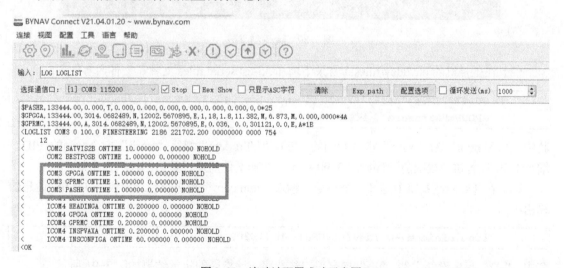

图 3-88　流动站配置成功示意图

3.6.9 工控机增加 USB 设备的访问权限

本节将介绍如何在工控机中增加 USB 设备的访问权限，具体步骤如下所示。

（1）在工控机的 Ubuntu 系统中打开一个终端，在终端通过输入"lsusb"指令查看 USB 串口的 VID（产商标识）和 PID（产品标识），如图 3-89 所示。

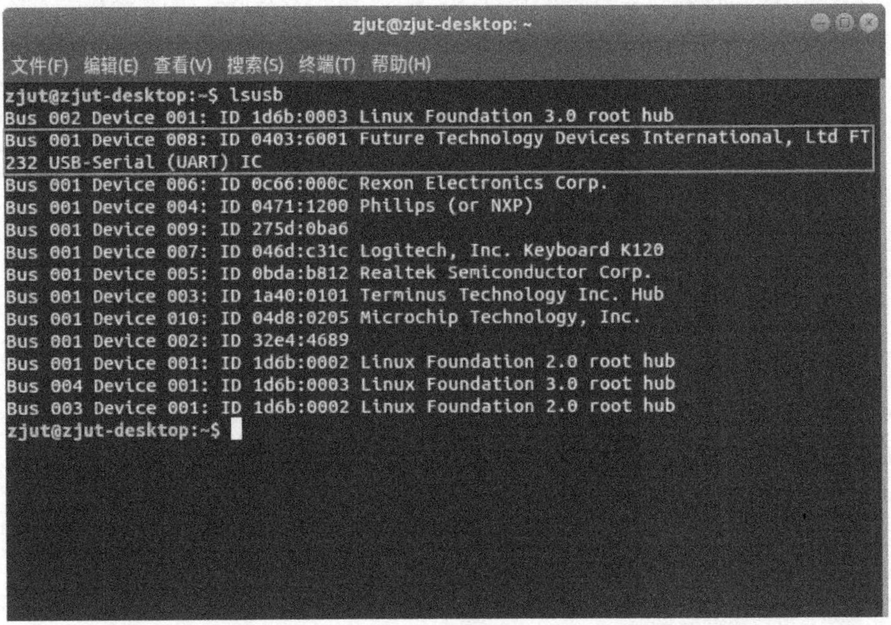

图 3-89　lsusb 结果图

（2）在工控机的/etc/udev/rules.d/目录下增加 55-usbserial.rules 文件，文件内容如下：

```
SUBSYSTEMS=="usb", ATTRS{idVendor}=="0403", ATTRS{idProduct}=="6001",
GROUP="Autoware", MODE="0666
```

其中，"idVendor"为"lsusb"指令看到的 VID；"idProduct"填写"lsusb"指令看到的 PID。增加 USB 设备访问权限的过程如图 3-90 所示，增加文件后通过重启工控机来生效。

（3）在 Ubuntu 系统中打开一个终端，输入"minicom"指令查看北云板卡 GNSS 信息的输出：

```
sudo minicom -D /dev/ttyUSB1 -b 115200
```

其中，"-D"指定设备文件；"-b"指定串口波特率。该指令的执行结果如图 3-91 所示。

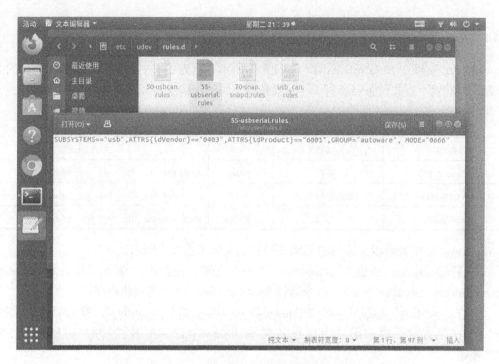

图 3-90　增加 USB 设备访问权限的过程

图 3-91　"minicom" 指令的执行结果

3.6.10　Autoware 中查看板卡输出的 GNSS 信息

Autoware 支持 3 种 GNSS 驱动，如表 3-5 所示。因为本书主要是一本偏向操作性的实用型书籍，因此就不在此做源码解析了，只要按照下面的步骤操作即可实现我们的目标。

表 3-5　3 种 GNSS 驱动

GNSS	连接类型	源码	发布 Topic
Javad Delta 3 (TTY1)	串口	python	nmea_sentence、fix、vel、time_reference
Garmin GPS 18x LVC	UDP 端口 8308	C++	nmea_sentence、imu_data、gps_time、temperature
Serial GNSS	串口	python	nmea_sentence、fix、vel、time_reference

在 Autoware 中查看板卡输出的 GNSS 信息的具体步骤如下所示。

（1）启动 Docker 并进入 Autoware 的工作空间，在终端中输入"roslaunch runtime_manager runtime_manager.launch"指令运行 Runtime Manager 的可视化程序。

（2）在"Sensing"标签页中单击"Javad Delta 3"后面的"[config]"，弹出配置对话框。

（3）在配置对话框中配置串口设备文件（/dev/ttyUSB0）及波特率（115200），单击"OK"按钮。

（4）选中"Javad Delta 3（Bynaw）"，启动串口读 GNSS 信息的服务程序，如图 3-92 所示。

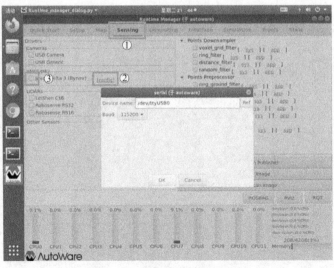

图 3-92　启动 GNSS 驱动的步骤

（5）服务程序运行后，可以通过"/nmea_sentence"话题查看到 GNSS 报文。如图 3-93

所示，首先在"Runtime Manager（于 autoware）"界面的最上一栏单击"Topics"标签，其次单击"Refresh"按钮刷新，然后在最左侧找到并单击"/nmea_sentence"，最后在右侧勾选"Echo"，这样就可以看到此话题的内容了。

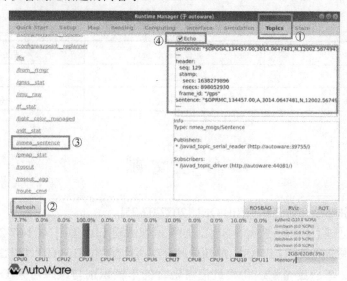

图 3-93　查看"/nmea_sentence"话题的内容

（6）按照相同的步骤，可以通过"/fix"话题查看到经纬度和高度信息，如图 3-94 所示。

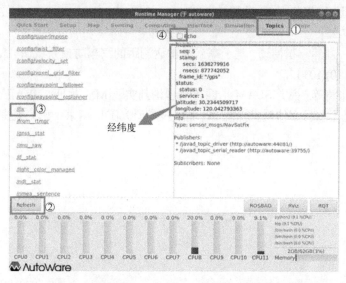

图 3-94　查看"/fix"话题的内容

Javad Delta3，其源码位于 src/drivers/awf_drivers/javad_navsat_driver 目录，编译后安装至 install/javad_navsat_driver 目录。需要注意的是，它只支持 GGA、RMC 语句解析，速度信息只来自 RMC 语句。参数 useRMC 可以配置定位信息来源，如表 3-6 所示。

表 3-6　定位信息和速度信息

useRMC	定位信息来自	速度信息来自
True	RMC	RMC
False	GGA	RMC

参 考 文 献

[1] 无人驾驶环境感知之相机[EB/OL]. [2022-07-25].

[2] 【图像处理】相机、透镜、人眼、小孔成像原理[EB/OL]. [2022-07-25].

[3] 无人驾驶激光雷达 LiDAR：最新原理介绍与性能测试[EB/OL]. [2022-07-25].

[4] 宫铭钱. 基于激光雷达和相机信息融合的车辆识别与跟踪研究[D]. 重庆：西南大学，2021.

[5] LiDAR | 激光雷达的应用场景有？[EB/OL]. [2022-07-25].

[6] 激光雷达和相机的联合标定（Camera-LiDAR Calibration）之 Autoware[EB/OL]. [2022-07-25].

[7] 廖术娟，刘然，崔德琦. 基于毫米波雷达测距的汽车防撞系统研究[J]. 技术与市场，2010,17(10):10+12.

[8] 高翔，张涛等. 视觉 SLAM 十四讲从理论到实践[M]. 北京：电子工业出版社，2019.

[9] 李超. 基于双目立体视觉裸眼 3D 显示技术研究[D]. 南京：南京航空航天大学，2015.

第 4 章

Autoware 自动驾驶平台感知模块使用

本章将介绍 Autoware 自动驾驶平台感知模块的使用，分别是 Autoware 运行 Yolov3 进行目标检测、Autoware 运行聚类进行目标检测、Autoware 运行 cnn-seg 进行目标检测、Autoware 运行 point_pillars 进行目标检测、Autoware 运行 range_vision_fusion 进行感知结果融合，以及实验过程中的经验与总结。

感知模块是车辆与环境之间的纽带，它旨在通过各种传感器数据感知周围环境、交通状况和场景目标的信息，为车辆路径规划和运动决策提供重要依据。因此，学习和掌握感知模块对无人系统开发非常重要。

在学习本章内容前，请读者根据自己计算机显卡的版本自行配置环境，安装相应的 CUDA 和 CUDNN。

4.1 Autoware 运行 Yolov3 进行目标检测（vision_darknet_yolo3）

Yolo 系列的目标检测算法是 One-Stage 且基于深度学习的回归方法，而 R-CNN、Fast-RCNN、Faster-RCNN 是 Two-Stage 且基于深度学习的归类方法。相较于 Faster-RCNN，Yolo 主要有以下两个优点。

（1）统一网格。Yolo 没有显示求取候选区域（Region Proposal）的过程，Faster-RCNN 中的 RPN 和 Fast-RCNN 虽然共享卷积层，但在模型训练中，仍需要多次重复训练 RPN 和 Fast-RCNN。相对 RCNN 系列的"看两眼"（候选区域提取与分类），Yolo 系列只需要"看一次"。

（2）Yolo 系列统一归为一个回归任务，而 Faster-RCNN 分为两步，即物体类别（分类）和物体位置（回归）。

以上两个优点奠定了 Yolo 速度快、实时性高的特点。因此，其更适合用于无人驾驶领域。

4.1.1　Yolov3 简介

Yolo 系列的目标检测算法是一个应用了卷积神经网络的单阶段图像目标检测算法，该系列目前有 5 个版本，即 Yolov1～Yolov5。Yolo 系列的目标检测算法的主要思想是：首先通过特征提取网络图像的特征，得到一定尺寸的特征图，然后将图像划分为一定数目的网格，使用网格进行二维矩形框参数的预测及类别的预测。Yolov3 在 Yolov2 的基础上更换了更大的主干网络（Backbone），使得网络的总层数达到 53 层。层数的加深，使得网络具有更强的学习能力。同时，能够提供 3 个尺度的特征图预测。多尺度的预测输出，提高了 Yolov3 对小目标的检测能力。在 Yolov3 的部署过程中，在系统资源有限时，可以更换为 x（tiny）版本的网络，以平衡检测精度与速度的性能。下面将对 Yolov3 的网络结构与损失函数分别展开分析。

1．Yolov3 的网络结构

Yolov3 与之前的版本相比，其采取了更深层次的卷积提取网络 DarkNet-53，该网络有 53 层用于特征的提取，通过 Yolo 层进行多尺度的检测任务，整个网络中没有池化层和全连接层。Yolov3 的网络结构借用了深度残差网络（Deep Residual Network，ResNet）跳跃连接的思想，在卷积模块之外增加了残差模块。Yolov3 网络的下采样是通过步长为 2 的卷积实现的，每当通过该卷积层，图像的尺寸就减少一半。每个卷积层由卷积核（conv）、Leaky Relu 激活函数、批量标准化（Batch Normalization，BN）组成。图 4-1 所示为 Yolov3 的网络结构。

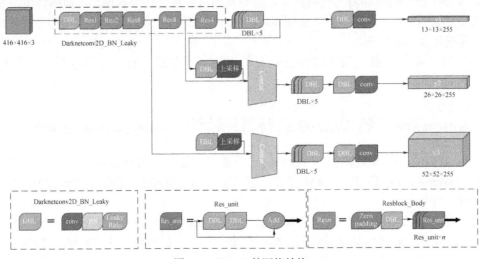

图 4-1　Yolov3 的网络结构

其中，DBL 是代码中的 Darknetconv2D_BN_Leaky，是 Yolov3 的基本组件；Res$n$ 中的 n 表示数字，表示 Resblock_Body 里含有多少个 Res_unit；Concat 为张量拼接；y1、y2 和 y3 分别是 Yolov3 输出的 3 个不同尺度的特征图（Feature Map，见图 4-1 中的 13×13）；zero padding 表示零填充。

Yolov3 通过 K-means 在训练集中聚类出 9 种尺寸的先验框（Anchor），每种尺度的特征图上分别使用 3 种先验框，以减少盲目搜索的时间，加速模型收敛。其中，先验框与特征图的分配策略为：在最小的特征图上面使用最大的先验框，利用其较大感受野的优势对尺寸较大的物体进行检测；26×26 与 52×52 则分别使用中等与较小的先验框完成中等及较小目标的检测任务。26×26 的一部分图片是由 13×13 上采样得到的，52×52 的也同理。

Yolov3 对物体的边框进行预测时，采用逻辑回归方法对先验框包围的部分进行概率评分，最后使用非极大值抑制（Non-Maximum Suppression，NMS）方法去除得分较低的边框，保留得分最高的边框。

2. 损失函数

损失函数存在的意义在于优化，因此损失函数通常是根据预测结果所具有的参数设计的。Yolov3 网络最终预测的参数有目标框（bbox）的位置（x，y，w，h），以及目标的置信度和类别，因此损失函数的表达式如下：

$$
\begin{aligned}
\text{loss(object)} = &\sum_{i=0}^{K\times K}\sum_{j=0}^{M} I_{ij}^{\text{obj}}(2-\omega_i\times h_i)(-x_i\times\log(\hat{x}_i)-(1-x_i)\times\log(1-x_i^*)) + \\
&\sum_{i=0}^{K\times K}\sum_{j=0}^{M} I_{ij}^{\text{obj}}(2-\omega_i\times h_i)(-y_i\times\log(\hat{y}_i)-(1-y_i)\times\log(1-y_i^*)) + \\
&\sum_{i=0}^{K\times K}\sum_{j=0}^{M} I_{ij}^{\text{obj}}(2-\omega_i\times h_i)[(\omega_i-\omega_i^*)^2+(h_i-h_i^*)^2] - \\
&\sum_{i=0}^{K\times K}\sum_{j=0}^{M} I_{ij}^{\text{obj}}[C_i\log(C_i^*)+(1-C_i)\log(1-C_i^*)] - \\
&\sum_{i=0}^{K\times K}\sum_{j=0}^{M} I_{ij}^{\text{obj}}\sum_{c\in\text{classes}}[p_i(c)\log(p_i^*(c))+(1-p_i(c))\log(1-p_i^*(c))]
\end{aligned}
\tag{4-1}
$$

其中，带 * 表示预测值，不带 * 表示标签。

损失函数包含 3 部分：第一部分是目标框（bbox）左上角的坐标与大小带来的误差，也就是参数（x,y,w,h）的误差，其可分为 x、y 带来的二分类交叉熵（Binary Cross Entropy，BCE）误差与 w、h 带来的均方误差（Mean-Square Error，MSE），即目标框与真实框的偏差。第二部分是目标的置信度带来的 BCE 误差，即有无物体。第三部分是目标的类别带来的 BCE 误差。

　　训练过程中通过损失函数对当前模型的评价来进一步优化模型，从而获得检测性能更好的模型。

4.1.2　Autoware 中的实验操作

1）将 Yolov3 的权重文件放置到指定位置

这里我可以先查看相关 launch 文件和权重文件的存放位置，如图 4-2 和图 4-3 所示。

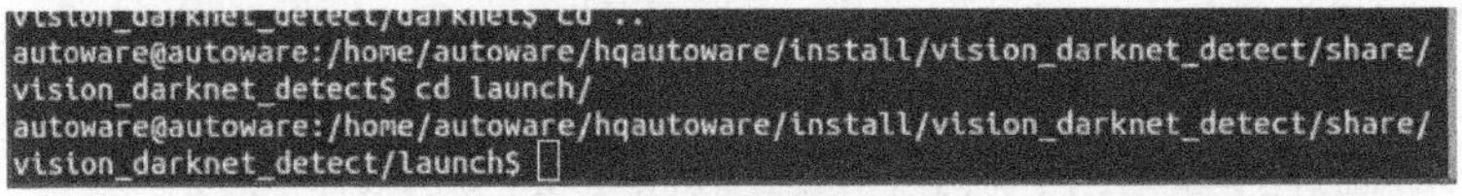

图 4-2　vision_darknet_detect 的 launch 文件的存放位置

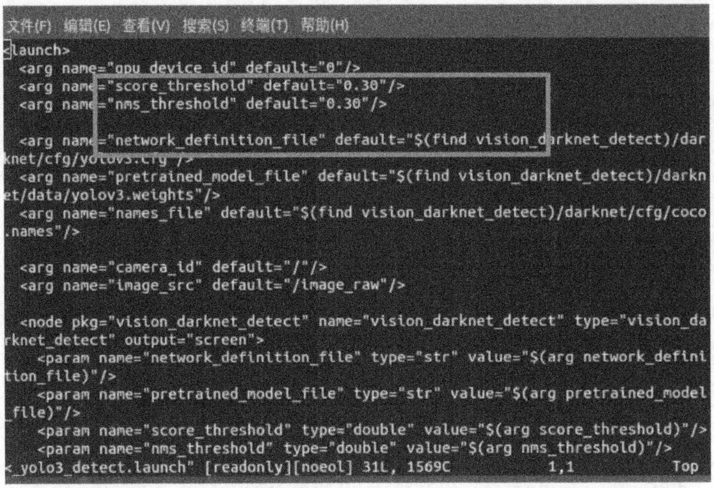

图 4-3　Yolov3 权重文件（yolov3.weights）的存放位置

　　其中，yolov3.cfg 文件和 coco.names 文件在相关文件夹下已经存在。而 yolov3.weights 文件需要自己下载并将其放置在相应的位置，可在随书附件中的"感知部分文件下载地址.txt"文档中查看 yolov3.weights 文件的下载地址。

　　一般情况下，darknet 初始目录中只有 cfg 文件夹，这里我们自己新建一个 data 文件夹，将 yolov3.weight 文件下载到 share 文件夹中，并将 yolov3.weight 文件复制至 data 文件夹中，如图 4-4～图 4-6 所示。

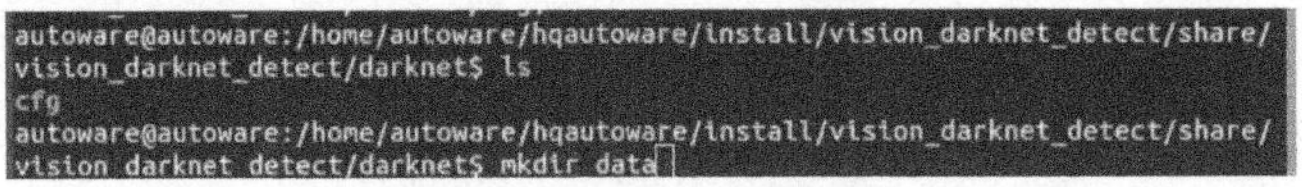

图 4-4　新建 data 文件夹

图 4-5　列出 darknet 目录下的文件

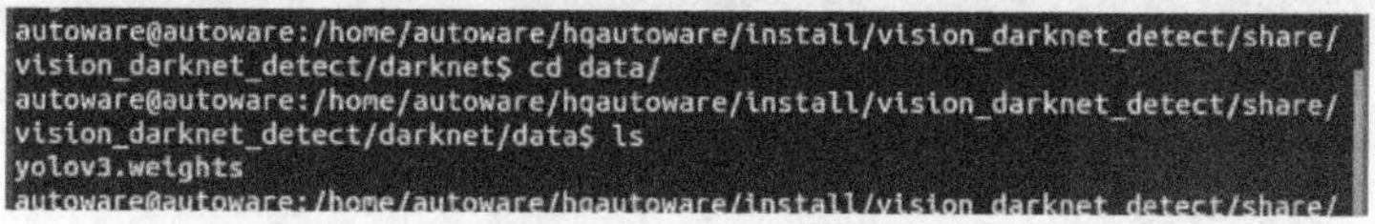

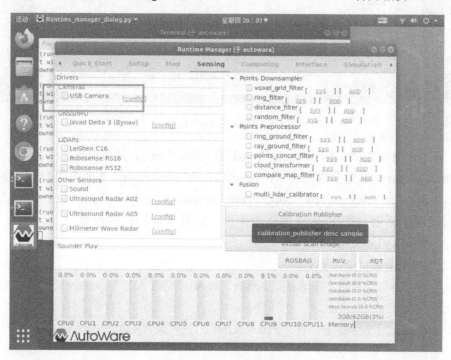

图 4-6　查看 yolov3.weight 文件是否复制完成

所需指令如下：

```
mkdir data
sudo cp /home/zjut/share_dir/yolov3.weight /home/Autoware/hqAutoware/
install/vision_darknet_detect/share/vision_darknet_detect/darknet/data
```

2）在 Autoware 中运行 Yolov3

（1）打开 "Runtime Manager（于 autoware）" 界面，在该界面中单击 "Sensing" 标签。

（2）在图 4-7 所示的 "Sensing" 标签页中勾选 "USB Camera"，打开相机。

图 4-7　"Sensing" 标签页

（3）在图 4-8 所示的 "Computing" 标签页中勾选 "vision_darknet_yolo3"，启动 Yolov3。

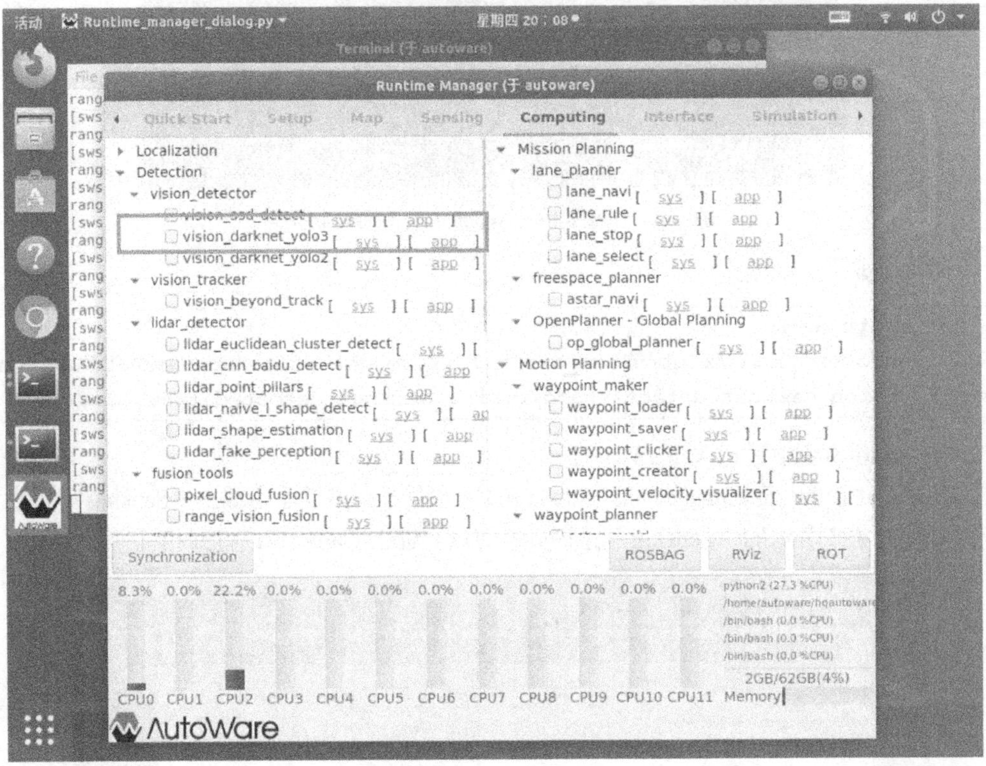

图 4-8　"Computing" 标签页

（4）单击图 4-8 中 "vision_darknet_yolo3" 后面的 "app"，放置权重文件。一般情况下，只有 yolov3.weight 文件需要自己选择，yolov3.cfg 和 coco.names 文件都是默认选择的。确认 "image_src" 是 "image_raw" 或者 "usb_cam/image_raw" 话题，总之这个话题是相机打开时发送的话题，把 Yolov3 的接收图像话题设置成同样的即可。

（5）选中 yolov3.weights，如图 4-9 所示。

3）查看检测结果

（1）打开 "RViz" 界面，在该界面中单击 "Panels" -> "Add New Panel"，弹出 "rviz" 对话框。

（2）在 "rviz" 对话框中，在 "Panel Name" 下加载 "imageViewerPlugin"，如图 4-10 所示。

图 4-9　选中 yolov3.weights

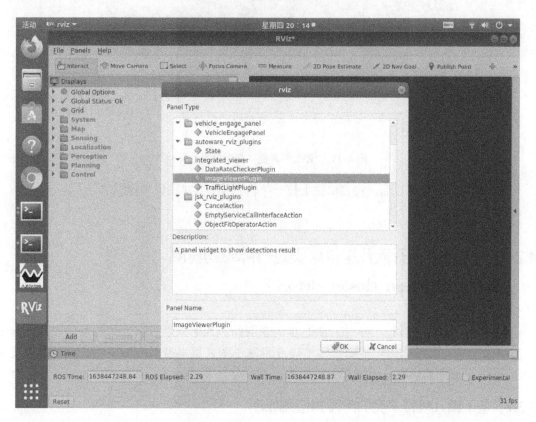

图 4-10　加载"imageViewerPlugin"

（3）单击"OK"按钮，退出"rviz"对话框。

（4）在"RViz"界面中，在"Image Topic"下选择"/image_raw"，在"Object Rect Topic"下选择"/detection/image_detector/objects"，如图 4-11 所示。

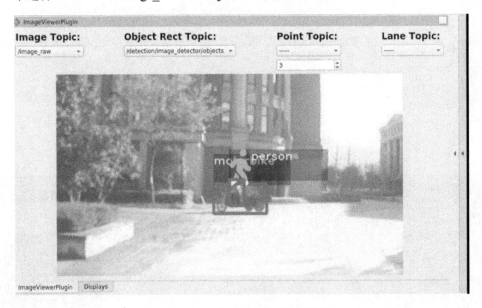

图 4-11　"RViz"界面（查看检测结果）

（5）将以上设置完以后，将窗口往上拉一拉就能看到实时图像和检测结果了。

4.2　Autoware 运行欧几里得聚类进行障碍物检测（lidar_edclidean_cluster_detect）

在低速无人车平台上，对 3D 激光雷达获取的非地面点进行点云聚类可以实现所需的点云感知效果，实现障碍物检测。本节将介绍基于欧几里得聚类的障碍物检测原理和如何在 Autoware 自动驾驶平台中进行实验操作。

4.2.1　基于欧几里得聚类的障碍物检测原理

在 3D 激光雷达获取的点云数据中，同一个物体上会有较多的点云分布在其表面，并且各个点之间的欧几里得距离较近。根据这一特点，本文设计了基于欧几里得的聚类算法进行点云聚类并实现障碍物检测。在欧几里德聚类中使用 KD Tree 的数据结构组织点云，从而加速聚类过程的搜索速度。点云中对检测最有用的信息是点的三维坐标值，因此首先考虑使用 3 维树，而为了进一步加快聚类速度以满足无人车快速感知的要求，最终选择 2 维树将点云的 z 值设为 0，即把 z 方向叠在一起的物体视为一个障碍物。2 维树就是二叉树，选择按照 x 轴进行组织划分，将 x 值小于指定值的节点放在左子树、大于指定值的节点则在右子树。通过 x 值确定一个超平面，将空间分割为两部分，超平面的法线为 x 轴的单位向量。

欧几里得聚类算法的主要思想是：设置聚类半径阈值，以及最大和最小聚类点数阈值，当聚类后的点云簇的点数在两个点数阈值之内时才会返回做进一步处理。根据点云到激光雷达的距离设置不同的聚类半径阈值，然后对分割后的点云随机选择聚类中心，并计算其与临近点的欧氏距离，计算之后调整聚类中心，重复聚类，直到聚类中心不再变化。

在 Autoware 自动驾驶平台中通过欧几里得聚类算法对障碍物进行检测，主要通过两个步骤实现，分别是点云预处理和点云聚类。

1. 点云预处理

（1）移除距离小的点，具体参数由自己设置。

（2）对点云进行降采样操作。

（3）对点云进行修剪，以删除基于高度阈值（和）的点。

（4）根据点在车辆任一侧的 y 位置，对点进行进一步修剪。边界由 keep_lanes 和 keep_lane_left_distancekeep_lane_right_distance 定义。

（5）使用基于 RANSAC 的算法确定接地层并移除属于地面的任何点，这由参数激活。

（6）使用法线差进一步过滤点云，以移除属于光滑曲面的任何点，这由参数激活。

2. 点云聚类

（1）使用欧几里得聚类算法对预处理的点云进行聚类，聚类容差由参数定义。值得一提的是，这是节点中唯一提供使用 GPU 选项的部分（由参数激活）。

（2）根据相邻的集群检查生成的集群，并将任何小于阈值的集群合并到单个集群中。

（3）将矩形边界和多边形边界拟合到聚类点云。

以上步骤中由参数激活的内容都是可选择的，4.2.2 节展示主要操作步骤。

4.2.2　Autoware 中的实验操作

在 Autoware 自动驾驶平台中具体的实验操作步骤如下所示。

（1）开启 Autoware，在弹出的"Runtime Manager（于 autoware）"界面中单击"Sensing"标签。

（2）在"Sensing"标签页中勾选"Leishen C16"，如图 4-12 所示。

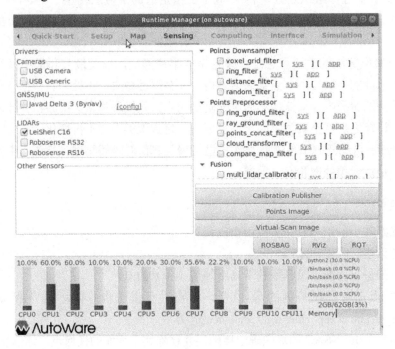

图 4-12　"Sensing"标签页

（3）单击"Computing"标签，在"Computing"标签页中启动"lidar_euclidean_cluster_detect"，如图 4-13 所示。

（4）打开"RViz"界面。在该界面中，将"Fix Frame"改为"velodyne"，此时会看到点云数据聚类在一起的效果。

（5）单击"RViz"界面中的"Add"按钮，弹出"rviz"对话框。

（6）如图 4-14 所示，在"rviz"对话框中添加"MarkerArray"，话题为/detection/lidar_detector/objects_markers，这样就能得到如图 4-15 所示的检测结果了。

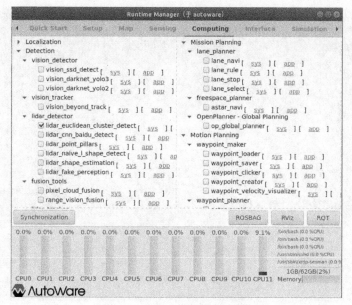

图 4-13　"Computing"标签页

图 4-14　"rviz"对话框

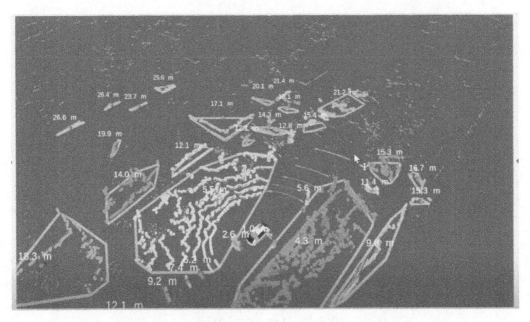

图 4-15　查看 lidar_edclidean_cluster_detect 检测结果

4.3　Autoware 运行 cnn-seg 进行语义分割目标检测（lidar_cnn_baidu_detect）

本节将介绍 cnn-seg 算法和如何在 Autoware 自动驾驶平台中使用 cnn-seg 算法进行语义分割目标检测。

4.3.1　cnn-seg 简介

cnn-seg 算法并非是基于边界框的方法对目标进行检测，而是基于语义分割的方法。在进行语义分割的同时，cnn-seg 还做了一件事，回归了一个称为"Center Offset"的层，然后根据 Center Offset 层和语义分割的结果进行聚类，从而实现单个目标的检测。从 Apollo 的官方文档可知，cnn-seg 算法其实可分为两步：第一步是用一个深度学习网络预测 5 层信息（目前开放版本中用到的），分别是 Center Offset、Objectness、Positiveness、Object Height、Class Probability；第二步是利用以上 5 层信息进行聚类。cnn-seg 算法的流程如图 4-16 所示。

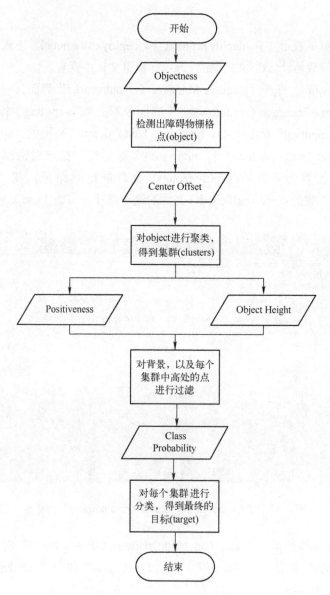

图 4-16　cnn-seg 算法的流程

4.3.2　Autoware 中的具体操作

在 Autoware 自动驾驶平台中使用 cnn-seg 算法进行语义分割目标检测的具体操作步骤如

下所示。

（1）下载训练好的权重文件 deploy.prototxt 和 deploy.caffemodel，下载地址可在随书附带的"感知部分文件下载地址.txt"文档里的 cnn-seg 权重文件中查看。

（2）启动 Autowore，打开"Runtime Manager（于 autoware）"界面。

（3）在"Runtime Manager（于 autoware）"界面中单击"Computing"标签。

（4）单击"Computing"标签页中"lidar_cnn_baidu_detect"后面的"app"，如图 4-17 所示，弹出"lidar_cnn_baidu_params（于 autoware）"对话框。在该对话框中，将"network_definition（cfg）"设置为下载的 deploy.prototxt 文件的绝对路径；将"pre_trained_model（weights）"设置为下载的 deploy.caffemodel 文件的绝对路径；勾选"use_gpu"。

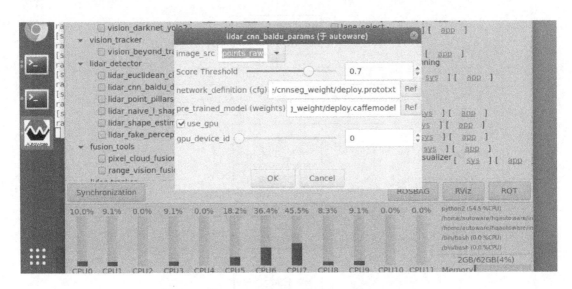

图 4-17　"lidar_cnn_baidu_params（于 autoware）"对话框

（5）单击"OK"按钮退出"lidar_cnn_baidu_params（于 autoware）"对话框。

（6）打开"RViz"界面。在该界面中，将"Fix Frame"改为"velodyne"，单击"Add"按钮，弹出"rviz"对话框。

（7）如图 4-18 所示，在"rivz"对话框中加载"MarkerArray"和"PointCloud2"，两者的话题分别为/detection/lidar_detector/objects_markers 和/detection/lidar_detector/points_cluster。设置完以上内容后就能得到如图 4-19 所示的检测结果。

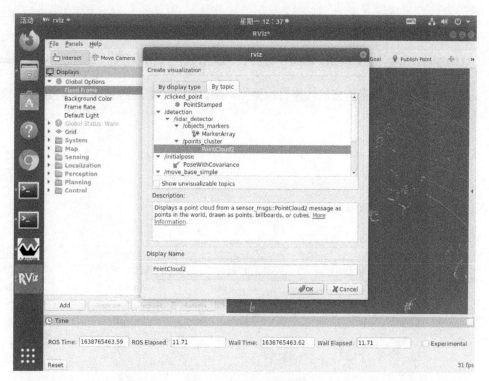

图 4-18　"rviz" 对话框

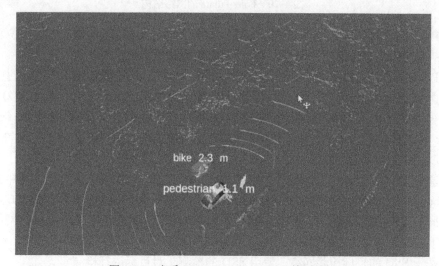

图 4-19　查看 lidar_cnn_baidu_detect 检测结果

4.4　Autoware 运行 PointPillars 进行 3D 快速目标检测（lidar_point_pillars）

PointPillars 是一个基于点云的快速目标检测网络，它是一个落地且应用广泛的 3D 快速目标检测网络。

4.4.1　PointPillars

1．PointPillars 简介

PoingPillars 的网络结构如图 4-20 所示。

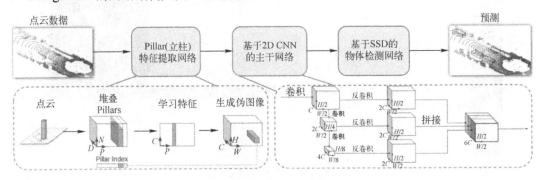

图 4-20　PoingPillars 的网络结构

PointPillars 的网络结构主要由 3 部分组成：点云（Point Cloud）数据、Pillar（立柱）特征提取网络；基于 2D CNN 的主干网络；基于 SSD 的物体检测网络。

（1）Pillar（立柱）特征提取网络：采用 Pillar 编码方式编码点云。在点云的俯视图平面进行投影使之变成伪 2D 图，对这种投影进行编码用的是 Pillar 方法，即将伪 2D 图在投影幕上划分为 $H×W$ 的网格，对每个网格所对应的柱子中的每一个点提取原特征（$x, y, z, r, x\_c, y\_c, z\_c, x\_p, y\_p$），共 9 种，对柱子中点多于 N 的进行采样，少于 N 的进行填充 0，形成（$9, N, H×W$）的特征图。

（2）基于 2D CNN 的主干网络：使用 2D 卷积进行处理。这一部分可作为网络中的主干网络（Backbone），包含两个子网络，即 top-down 网络和 second 网络。其中，top-down 网络用于捕获不同尺度下的特征信息，主要由卷积层、归一化、非线性层构成；second 网络用于将不同尺度下的特征信息进行融合，主要由反卷积来实现。

（3）基于 SSD 的目标检测网络：使用 SSD 的检测头对目标进行检测。

2. 损失函数

PointPillars 的损失函数由 3 个子损失函数组成，分别是定位（loc）子损失函数、方向（dir）子损失函数、类别（cls）子损失函数。

1）定位子损失函数

$$\Delta x = \frac{x^{gt} - x^a}{d^a}, \Delta y = \frac{y^{gt} - y^a}{d^a}, \Delta z = \frac{z^{gt} - z^a}{h^a}$$

$$\Delta w = \log \frac{w^{gt}}{w^a}, \Delta l = \log \frac{l^{gt}}{l^a}, \Delta h = \frac{h^{gt}}{h^a} \qquad (4\text{-}2)$$

$$\Delta \theta = \sin(\theta^{gt} - \theta^a)$$

由于 d^a 代表参照框（Anchor）的对角线，且：

$$d^a = \sqrt{(w^a)^2 + (l^a)^2} \qquad (4\text{-}3)$$

因此，最终的定位子损失函数为

$$l_{\text{loc}} = \sum_{b \in (x,y,z,w,l,h,\theta)} \text{SmoothL1}(\Delta b) \qquad (4\text{-}4)$$

2）方向子损失函数

方向子损失函数直接 ldir 采用 Softmax 形式的损失函数。

3）类别子损失函数

类别子损失函数使用 Focal 损失函数，即

$$l_{\text{cls}} = -\alpha_\alpha (1 - p^a)^\gamma \log p^a \qquad (4\text{-}5)$$

其中，$\alpha = 0.25, \gamma = 2$。

最终的损失函数由 3 个子损失函数调和而成：

$$\text{loss} = \frac{1}{N_{\text{pos}}} (\beta_{\text{cls}} l_{\text{cls}} + \beta_{\text{dir}} l_{\text{dir}} + \beta_3 l_{\text{loc}}) \qquad (4\text{-}6)$$

$$\beta_{\text{loc}} = 2, \beta_{\text{cls}} = 1, \beta_{\text{dir}} = 0.2$$

其中，N_{pos} 是锚框（Anchor Box）正样本数量。

4.4.2 Autoware 中的实验操作

我们实验所用的雷达是 16 线的，由于点云稀疏，PointPillars 一直检测不到目标，因此我们可以用两个办法解决这个硬件问题：一个是搭建仿真环境，Gazebo 中的仿真激光雷达是 32 线的；另一个是将 KITTI 数据集转换成一个 ROSBAG 文件，然后播放。这两个方法可以运用到 point_pillars 文档中任一算法的复现。本书将具体介绍第二种方法，具体步骤如下所示。

（1）启动 Autoware，打开 "Runtime Manager（on autoware）" 界面。

（2）在"Runtime Manager（on autoware）"界面中，单击"Simulation"标签。在"Simulation"标签页中，单击"Ref"按钮，加载转换好的数据包；单击"Play"按钮后立马单击"Pause"按钮，如图 4-21（a）所示。

（3）如图 4-21（b）所示，在"Setup"标签页中，单击"TF"按钮，"Vehicle Model"可以为空。

（4）如图 4-21（c）所示，在"Map"标签页中，单击"TF"按钮后单击"Point Cloud"后面的"Ref"按钮，加载"Point Cloud"。

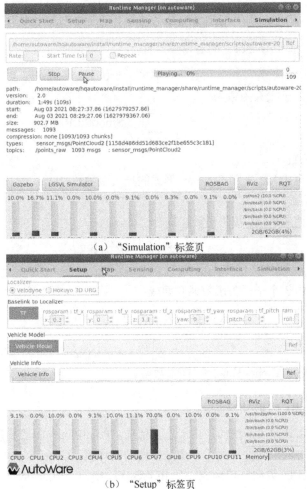

（a）"Simulation"标签页

（b）"Setup"标签页

图 4-21　加载"Point Cloud"

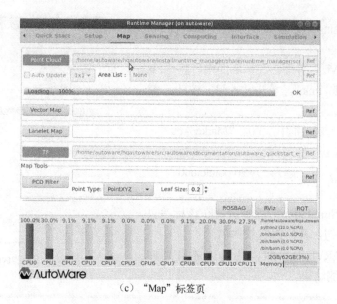

（c）"Map"标签页

图 4-21　加载"Point Cloud"（续）

（5）在"Computing"标签页中单击"lidar_point_pillars"后面的"app"，加载权重文件（pfe.onxx 和 rpn.onxx 文件）。权重文件的下载地址可在随书附带的"感知部分文件下载地址.txt"文档里的 point pillars 权重文件中查看。

（6）如图 4-22 所示，在弹出的"lidar_point_pillars_params（于 autoware）"对话框中，在"Input topic"中选择合适的话题，然后单击"OK"按钮，退出该对话框。

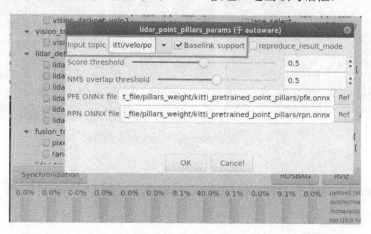

图 4-22　"lidar_point_pillars_params（于 autoware）"对话框（加载权重文件）

（7）在"Sensing"标签页中勾选"lidar_point_pillars"。

（8）打开"RViz"界面。在该界面中，将"Fix Frame"改为"velo_link"，单击"Add"按钮，弹出"rviz"对话框。

（9）在"rviz"对话框中，添加"MarkerArray"，其话题为"/detection/lidar_detector/objects_markers"；添加"PointCloud2"，其话题为"/velo/pointcloud"，如图 4-23 所示。

（10）回到"Simulation"标签页，在该标签页中单击"Play"按钮，开始播放数据包。

（11）回到"RViz"界面，此时就能看到如图 4-24 所示的检测结果。

图 4-23 "rviz"对话框

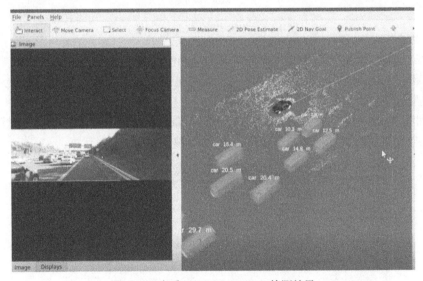

图 4-24 查看 lidar_point_pillars 检测结果

4.5 Autoware 运行 range_vision_fusion 进行感知结果融合（range_vision_fusion）

虽然基于单目视觉的感知系统以低成本实现了令人满意的性能，但却无法提供可靠的 3D

几何信息。双目相机可以提供 3D 几何信息，但设备和计算成本高，且无法在高遮挡和无纹理的环境中可靠工作。此外，相机基础感知系统面临复杂或恶劣的照明条件，这限制了它们的全天候能力。相反，激光雷达可以提供高精度的三维几何结构，并且不受环境光影响。然而，移动激光雷达受到了低分辨率（从 16 到 128 个频道）、低刷新率（10Hz）、恶劣天气条件（大雨、雾和雪）和高成本的限制。为了减轻这些挑战，许多工作结合了这两个互补的传感器，旨在通过融合多传感器采集的数据信息，形成目标的多样性和鲁棒性表征，以提高感知的准确性。这是当下最热门、最具有发展潜力的研究方向之一。融合感知技术主要可分为 3 个层次：数据级融合、特征级融合和决策级融合，具体的融合方案如图 4-25 所示。

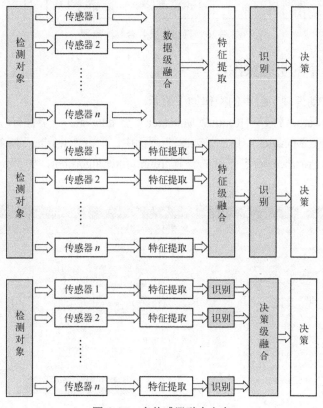

图 4-25　多传感器融合方案

4.5.1　感知结果融合算法介绍

在 Autoware 自动驾驶平台中，range_vision_fusion 采用的是决策级融合方案。在 Autoware 自动驾驶平台中，融合模块的作用是结合 lidar_detector 和 vision_tracker（或 vision_detector）的结

果，将 vision_detector 识别的类别信息添加到 lidar_detector 检测的点云簇上。当 3D 目标检测的投影与 2D 目标检测的重合度超过 50%（可设置），会被认为匹配成功。2D 检测的标签（label）会被赋给对应的 3D 检测目标，然后发布所有的匹配结果。具体流程如图 4-26 所示。

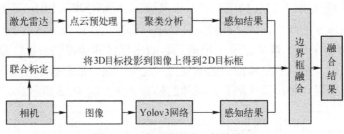

图 4-26　感知结果融合算法流程

4.5.2　Autoware 中的实验操作

在 Autoware 自动驾驶平台中的操作如下所示。

（1）启动 Autoware，打开"Runtime Manager（于 autoware）"界面。

（2）在"Runtime Manager（于 autoware）"界面中，单击"Sensing"标签。在"Sensing"标签页中，在"Points Preprocessor"下单击一个 ground filter algorithm，如"ray_ground_filter"，如图 4-27 所示。

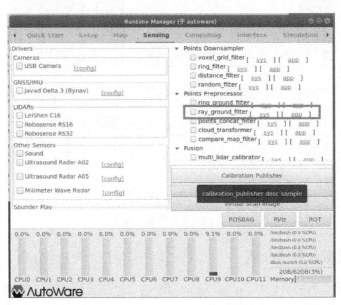

图 4-27　"Sensing"标签页

（3）加载相机与激光雷达的联合标定文件（相机-激光雷达之间的外参），如图 4-28 所示。

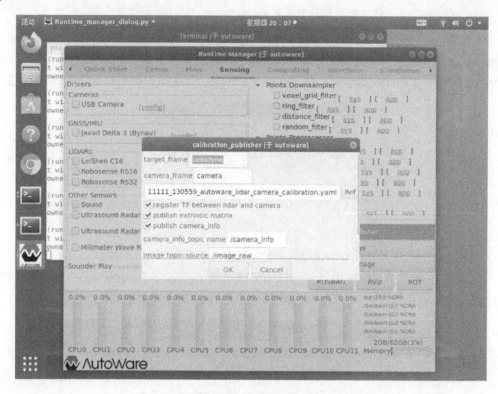

图 4-28　加载相机与激光雷达的联合标定文件

（4）如果读者想更加详细地了解视觉目标检测的实验步骤，可以翻阅本书 4.1.2 节中的内容。启动视觉目标检测。视觉目标检测使用的是 Yolov3 对目标进行检测：①放置 Yolov3 的权重文件；②在 Autoware 中运行 Yolov3；③打开"RViz"界面，查看检测结果。

（5）启动激光雷达目标检测。激光雷达目标检测通过使用点云聚类算法实现：①开启 Autoware，进入"Sensing"标签页，设置激光雷达；②进入"Computing"标签页，启动 Autoware 自带的算法"lidar_euclidean_cluster_detect"；③打开"RViz"界面，查看检测结果。

如果读者想更加详细地了解激光雷达目标检测的实验步骤，可以翻阅本书 4.2.2 节中的内容。

（6）如图 4-29 所示，在"Computing"标签页中单击"range_vision_fusion"后面的"app"，弹出"range_vision_fusion_params"对话框，在该对话框中进行话题的选择。

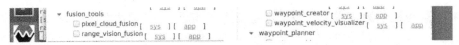

图 4-29 单击"range_vision_fusion"后面的"app"

（7）如图 4-30 所示，在"range_vision_fusion_params（于 autoware）"对话框中，将"detected_objects_range"选择为"/detection/lidar_detect/objects"，将"detected_objects_vision"选择为"/detection/image_detector/objects"，将"camera_info_src"选择为相机打开时发送的话题。

图 4-30 "range_vision_fusion_params（于 autoware）"对话框

（8）单击"OK"按钮，退出"range_vision_fusion_params（于 autoware）"对话框。此时，"Computing"标签页如图 4-31 所示（这里举例用了 Yolov3+聚类的融合）。

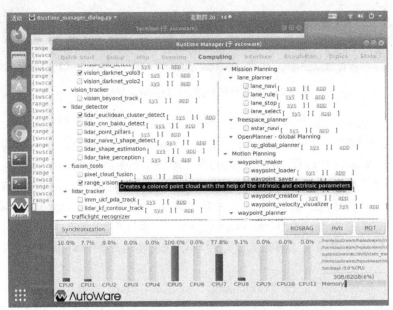

图 4-31 "Computing"标签页

（9）打开"RViz"界面，在该界面中添加"imageViwerPlugin"和"MarkerArray"，其话题为"/detection/fusion_tools/objects"和"/detection/fusion_tools/objects_markers"，此时可以看到如图 4-32 所示的融合效果，我们可以在"RViz"界面中看到 3 类目标，分别是没有匹配上的 2D 检测（无 3D 信息）、与 2D 检测匹配上且被赋予类别属性的 3D 检测、视野外的 3D 检测（未被赋予类别属性）。

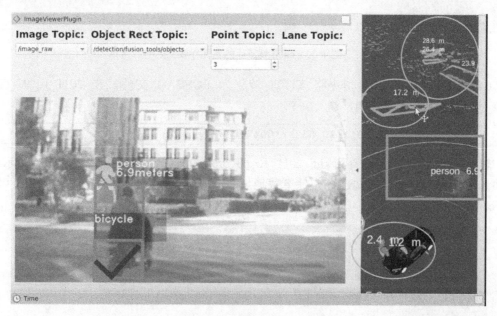

图 4-32　感知结果融合效果

4.6　经验与总结

本节将介绍在实验操作过程中可能遇到的问题和解决方法。

1. 转换 KITTI 数据集为 ROSBAG 文件

（1）安装 kitti2bag 工具 pip install kitti2bag。

（2）下载 KITTI 数据集，其可在 KITTI 官网上下载。

（3）在主目录中新建一个 KITTI 文件夹，将下载好的数据集（本书下载的是 2011_10_03_drive_0047_sync）解压到该文件夹下，并把相应的 calib 文件也解压到相应位置，如图 4-33 所示。

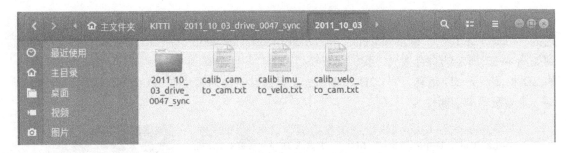

图 4-33　calib 解压后的文件存放位置

（4）运行"kitti2bag"指令将 KITTI 转化为 ROSBAG 文件。在 2011_10_03_drive_0047_sync 文件夹下新建终端，输入指令：

```
kitti2bag -t 2011_10_03 -r 0047 raw_synced
```

转换完成后，我们就能看到 kitti_2011_10_03_drive_0047_synced.bag，如图 4-34 所示。下载地址可随书附带的"感知部分文件下载地址.txt"文档中的 kitti_2011_10_03_drive_0047_synced.bag 中查看。

图 4-34　生成 kitti_2011_10_03_drive_0047_synced.bag

2. 启动 lidar_Apollo_ann_seg_detect 时遇到的错误

操作过程中可能会出现如图 4-35 所示的错误。

错误：Error while loading shared libraries: libcaffe.so.1.0.0:cannot open shared object file:NO such file or directory。

原因：安装好 caffe 后，没有将 lib 配置到/usr/lib 或/usr/local/lib 中。

解决办法：直接将 libcaffe.so.1.0.0 复制到/usr/lib 目录下，一般 libcaffe.so.1.0.0 文件在/home/ Autoware/caffe/build/lib 目录下，也可以用指令"locate libcaffe.so.1.0.0"查找。

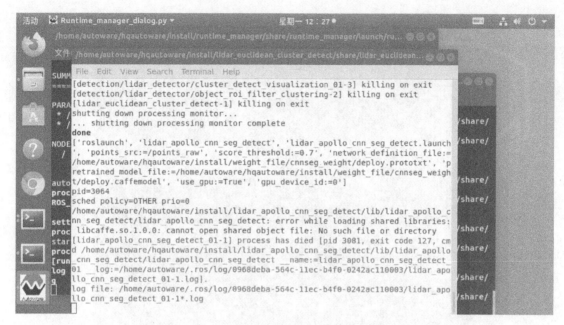

图 4-35　操作过程中可能会出现的错误

3. 查看 runtime_manager 每个按钮对应的 launch 文件

例如，我们想查看 USB_Camera 对应启动的是哪个 launch 文件。首先找到 sensing.yaml 文件，其存放位置如图 4-36 所示。

图 4-36　sensing.yaml 文件的存放位置

打开 sensing.yaml 文件，可以看到其启动的是 usb_cam 中的 my_usbcam.launch 文件，如

图 4-37 所示。因此，如果按照之前的文档修改 right_video4.launch 文件，不存在 my_usbcam.launch 文件，此时就会出现错误。

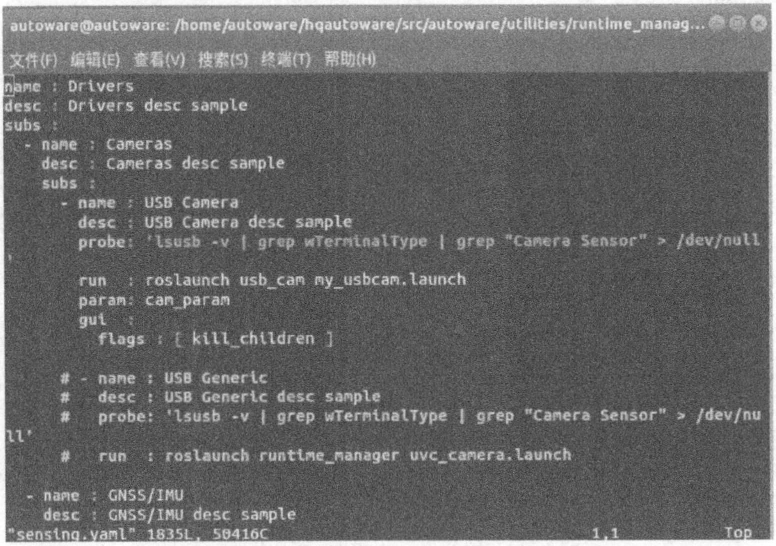

图 4-37　查看 sensing.yaml 文件

　　解决办法也很简单，只要我们将之前改好的 right_video4.launch 文件复制一下，将其命名为"my_usbcam.launch"即可，如图 4-38 所示。

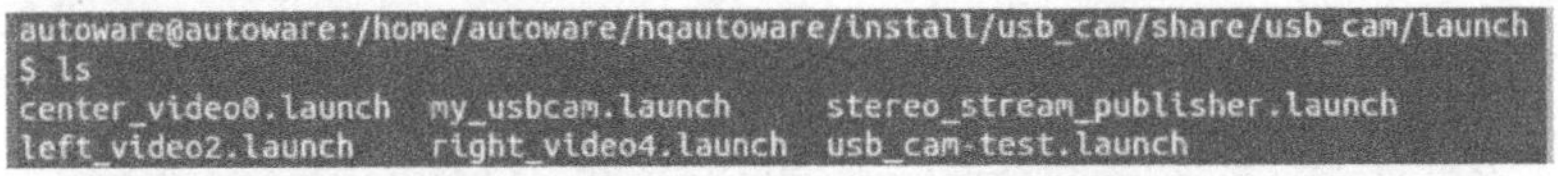

图 4-38　查看 my_usbcam.launch 文件

　　或者将 sensing.yaml 文件里的"run: roslaunch usb_cam my_usbcam.launch"这行指令改成"run: ROSlaunch usb_cam right_video4.launch"。

参 考 文 献

[1]　Joseph Redmon, Ali Farhadi. YOLOv3: An incremental improvement. arXiv preprint arXiv: 1804.02767, 2018.

[2]　曾帅康. 基于 ROS 的低速无人车环境感知与控制方法研究[D]. 北京交通大学, 2021.

[3]　yolo 系列之 yolov3【深度解析】[EB/OL]. [2022-07-28].

[4]　apollo 感知算法解析之 cnn_seg[EB/OL]. [2022-07-28].

[5]　Lang A H, Vora S, Caesar H, et al. PointPillars: Fast encoders for object detection from point clouds[C]. Computer Vision and Pattern Recognition(CVPR), 2019: 12697-12705.

[6]　PointPillars：基于点云的 3D 快速目标检测网络[EB/OL]. [2022-07-28].

[7]　将 KITTI 数据集转化为 ROS bag 包——kitti2bag 使用教程[EB/OL]. [2022-07-28].

第 5 章

Autoware 自动驾驶平台定位模块使用

惯性测量单元（Inertial Measurement Unit，IMU）由 3 个单轴的加速度计和 3 个单轴的陀螺仪组成。其中，加速度计检测物体在载体坐标系三轴的加速度信号；陀螺仪检测载体相对于导航坐标系的角速度信号。对以上信号进行处理后，便可解算出物体的姿态。值得注意的是，惯性测量单元提供的是一个相对的定位信息，它的作用是测量物体相对于起点所运动的路线，所以它并不能提供给你所在的具体位置信息。因此，它常常和 GPS 一起使用。在某些 GPS 信号微弱的地方，惯性测量单元就可以发挥它的作用，可以让汽车继续获得绝对位置的信息，不至于"迷路"。

基于惯性测量单元的定位（也就是我们通常称为的惯性导航），本质上属于航位推算定位，定位解算是基于运动积分的，之前定位结果中的定位误差会累积到当前定位结果中。同时，由于惯性测量单元本身的零偏，最终表现就是定位误差会随时间累积。因此，在实际应用中，需要同时结合其他定位误差无累积的定位手段来实时辅助，如无线电导航（GPS、UWB 等）或特征匹配定位（地形匹配、激光点云地图匹配等），进行惯导误差修正，这样才能在一定程度上抑制误差积累，满足使用需求。

其实我们每天使用的手机，出行用到的汽车、飞机，甚至导弹、宇宙飞船，都会使用到惯性测量单元，它们的区别在于制造成本和测量精度。根据不同的使用场景，对惯性测量单元的精度有不同的要求。精度高，也就意味着成本高。

北云组合导航系统除了 RTK 的相关配置，还有 INS 的配置和校准。RTK 技术基于卫星信号和 4G 网络信号，而大多数隧道的内部是没有卫星信号的，此时需要依赖 INS 技术完成导航，而惯性测量单元是 INS 技术实现的重要硬件。如果想使用北云的惯导功能，需要先进行 INS 的校准。

5.1　概述

在北云 RTK 定位的基础上，本章将介绍惯性导航系统的配置，并基于此进行 GNSS/IMU 组合导航。

在本章中，我们使用的主要设备是北云的组合导航板卡 A1，如图 5-1 所示。

图 5-1　北云的组合导航板卡 A1

在惯导推算过程中，需要进行一些必要的配置来告诉 INS 天线，以及 IMU 相对车体的位置信息和旋转参数（RBV）。首先，我们了解几个坐标系。

1. 当地导航坐标系（ENU 系）

图 5-2 所示为当地导航坐标系，其各轴轴向的定义如下所示。

（1）E 轴：指向东（由 N 轴和 U 轴得到的右手系正交轴）。

（2）N 轴：指向北（在垂直于 U 轴的平面内，从用户指向北极的方向）。

（3）U 轴：指向上（参考椭球体法线方向）。

在北云组合导航设备中，当地导航坐标系的原点为板卡所标注的导航中心。

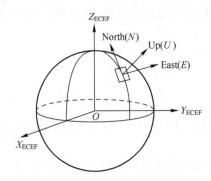

图 5-2　当地导航坐标系

2. 车体坐标系

图 5-3 所示为车体坐标系，其各轴轴向的定义如下所示。

（1）Z 轴：垂直于车底，指向车体顶部。

（2）Y 轴：指向车体前进方向。

（3）X 轴：由 Y 轴、Z 轴得到的右手系正交轴。

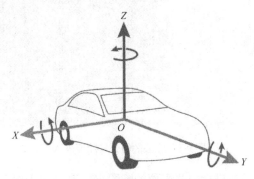

图 5-3　车体坐标系

其中，车体坐标系的原点为板卡所标注的导航中心。

3. 板卡坐标系

图 5-4 所示为板卡坐标系。在板卡坐标系中，IMU 的左上角为坐标原点，右侧为 Y 轴的正方向，下方为 X 轴的正方向，垂直板子朝上为 Z 轴的正方向。

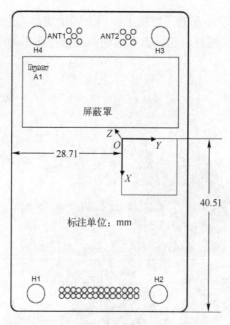

图 5-4　板卡坐标系

4. 用户自定义坐标系

用户定义坐标系是指用户可以将任意点指定为坐标系原点（如经常使用的 GNSS 天线相位中心点）的坐标系。

北云组合导航设备默认输出板卡导航中心（板卡坐标系的原点）的位置和速度信息。我们可以使用"SETINSTRANSLATION"指令加上确定的坐标偏移将坐标系原点设置为任意点。

北云组合导航设备默认输出的姿态是当地导航坐标系到板卡坐标系的旋转角度。我们可以使用"SETINSROTATION"指令加上确定的旋转参数将姿态信息设置为当地导航坐标系到另一个坐标系的旋转角度。

5.2　具体配置

5.2.1　设备组装

如图 5-5 所示，我们将 ANT1 主天线放在了车尾处，将 ANT2 辅天线放在了车头处。

COM3 用串口–USB 线接在了小车的工控机上，用来输出定位信息；COM2 用串口–USB 线接在了 PC 上，用来向板卡输入差分信息；板卡的电源线接在小车的电瓶上。

图 5-5   设备组装示意图

5.2.2   天线杆臂配置

杆臂的定义：GNSS 天线相位的中心与板卡导航中心的三维距离称为天线的杆臂。杆臂以板卡的导航中心为原点，X、Y、Z 轴的方向保持与车体坐标系的方向一致。

如图 5-6 和图 5-7 所示是 ANT2 辅天线和 ANT1 主天线的杆臂示例图，原点为板卡的导航中心，箭头指示了车体坐标系的坐标轴方向。

对应的主、副天线的 X、Y、Z 的偏移量如下所示。

（1）主天线：$X_1(\text{Offset})=-0.520\text{m}$，$Y_1(\text{Offset})=0.820\text{m}$，$Z_1(\text{Offset})=1.000\text{m}$

（2）副天线：$X_2(\text{Offset})=-0.560\text{m}$，$Y_2(\text{Offset})=1.800\text{m}$，$Z_2(\text{Offset})=1.030\text{m}$

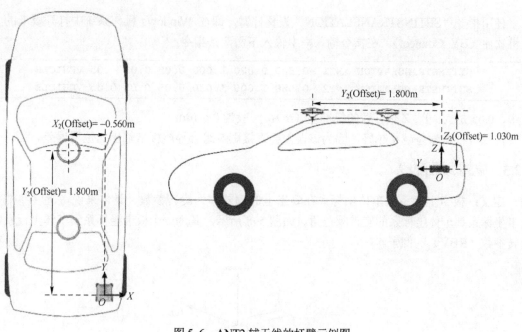

图 5-6 ANT2 辅天线的杆臂示例图

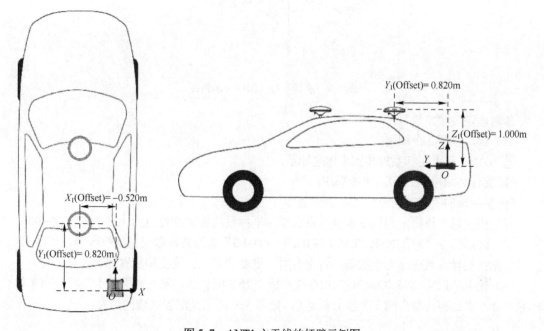

图 5-7 ANT1 主天线的杆臂示例图

使用指令"SETINSTRANSLATION"设置杆臂，即在 Windows 操作系统中打开板卡的上位机软件（BY_Connect），在指令输入框中输入下面两条指令：

```
SETINSTRANSLATION ANT1 -0.520 0.820 1.000 0.05 0.05 0.05 VEHICLE
SETINSTRANSLATION ANT2 -0.560 1.800 1.030 0.05 0.05 0.05 VEHICLE
```

其中，0.05 是 X、Y、Z 轴杆臂的标准差（m），一般为 0～10m。

注意：杆臂误差越小越好，因为该误差会直接影响组合导航板卡输出的位置误差。

5.2.3 旋转参数配置

定义：板卡坐标系与车体坐标系在姿态上的偏差称为旋转参数。具体来说，旋转参数是板卡坐标系到车体坐标系的旋转欧拉角。如图 5-8 所示，其为一个板卡坐标系到车体坐标系的旋转参数（RBV）的例子。

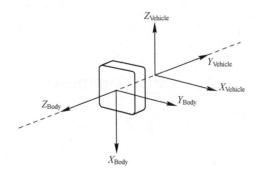

图 5-8 旋转参数（RBV）示例图

如何确定旋转参数？

（1）满足以下 3 个规则：

① 必须将板卡坐标系旋转到车体坐标系；

② 旋转必须按照 $Z \rightarrow X \rightarrow Y$ 的顺序；

③ 坐标轴的旋转方向遵循"右手准则"。

（2）按照以上规则，得到板卡坐标系到车体坐标系的旋转欧拉角为（X:-90,Y:0 ,Z:+90）。

（3）使用指令"SETINSROTATION RBV -90 0 90"将旋转参数设置到板卡中。

注意：旋转参数应尽可能准确，否则会引入更多的姿态、速度和位置的误差。

（4）输入"LOG INSCONFIG"指令检查板卡 INS 配置的信息。如果板卡坐标系和车体坐标系重合，那么旋转参数的 3 个参数都是 0，如图 5-9 所示是配置完成的结果。

图 5-9　"LOG INSCONFIG"配置结果图

5.2.4　旋转参数校准

由于人工安装过程中难免会引入误差，所以设置好旋转参数之后，需要通过自动校准功能估算出更加准确的偏移量。校准步骤如下所示。

（1）确认导航设备已正确配置，包括精确的杆臂和大致的旋转参数值（精度优于 5°）。

（2）设备上电正常工作，并且已完成对准和误差收敛。

（3）使用"INSCALIBRATERBVNEW"指令启用旋转参数校准。

（4）使用"LOGINSCALSTATUSONTIME1"指令监视校准。

（5）保持载体在水平地面上沿直线行驶，且车速必须大于 5m/s（18km/h），避免在复杂的路面上行驶，以防引入额外的估算误差。

待校准完成后，将自动配置旋转参数的估计值。之后在上位机软件（BY_Connect）的指令输入框中输入配置保存指令"SAVECONFIG"，重新启动之后就能使用了。

说明：如图 5-10 所示，"INSCALSTATUS"指令显示"CALIBRATED"表示校准完成了。

```
#INSCALSTATUSA,COM3,0,96.8,FINESTEERING,2155,23953.000,00000000,0000,757;RBV,-2.3984,-0.3354,1.0016,0.8021,0.6875,0.5730,CALIBRATED,0*8e7e81cd
#INSCALSTATUSA,COM3,0,96.8,FINESTEERING,2155,23954.000,00000000,0000,757;RBV,-2.3984,-0.3354,1.0016,0.8021,0.6875,0.5730,CALIBRATED,0*d305e5e1
#INSCALSTATUSA,COM3,0,96.8,FINESTEERING,2155,23955.000,00000000,0000,757;RBV,-2.3984,-0.3354,1.0016,0.8021,0.6875,0.5730,CALIBRATED,0*8906452e
#INSCALSTATUSA,COM3,0,96.8,FINESTEERING,2155,23956.000,00000000,0000,757;RBV,-2.3984,-0.3354,1.0016,0.8021,0.6875,0.5730,CALIBRATED,0*6702a47f
#INSCALSTATUSA,COM3,0,96.2,FINESTEERING,2155,23957.000,00000000,0000,757;RBV,-2.3984,-0.3354,1.0016,0.8021,0.6875,0.5730,CALIBRATED,0*ee069904
#INSCALSTATUSA,COM3,0,96.1,FINESTEERING,2155,23958.000,00000000,0000,757;RBV,-2.3984,-0.3354,1.0016,0.8021,0.6875,0.5730,CALIBRATED,0*9f5db61a
#INSCALSTATUSA,COM3,0,96.9,FINESTEERING,2155,23959.000,00000000,0000,757;RBV,-2.3984,-0.3354,1.0016,0.8021,0.6875,0.5730,CALIBRATED,0*41b0d0c50
#INSCALSTATUSA,COM3,0,96.5,FINESTEERING,2155,23960.000,00000000,0000,757;RBV,-2.3984,-0.3354,1.0016,0.8021,0.6875,0.5730,CALIBRATED,0*9198d140
#INSCALSTATUSA,COM3,0,95.7,FINESTEERING,2155,23961.000,00000000,0000,757;RBV,-2.3984,-0.3354,1.0016,0.8021,0.6875,0.5730,CALIBRATED,0*9e869021
#INSCALSTATUSA,COM3,0,96.5,FINESTEERING,2155,23962.000,00000000,0000,757;RBV,-2.3984,-0.3354,1.0016,0.8021,0.6875,0.5730,CALIBRATED,0*259f90de
#INSCALSTATUSA,COM3,0,95.6,FINESTEERING,2155,23963.000,00000000,0000,757;RBV,-2.3984,-0.3354,1.0016,0.8021,0.6875,0.5730,CALIBRATED,0*eccb1107
```

图 5-10　旋转参数自动校准示意图

注意，旋转参数校准条件如下：

（1）确认定位\定向为固定解状态并保持。

（2）确认杆臂的配置，误差一般在 5cm 以内。

（3）选择一条空旷、平坦的直线道路行驶，可以往返跑，速度需大于 5m/s。

（4）首次安装时进行旋转参数校准即可。如果更换安装位置，则需要重新配置杆臂进行旋转参数校准。

5.3　利用 BY_Connect.exe 上位机快速配置

在 RTK 配置好的基础上，利用官方提供的上位机可以较方便地快速完成配置，配置的具体步骤（见图 5-11）如下所示。

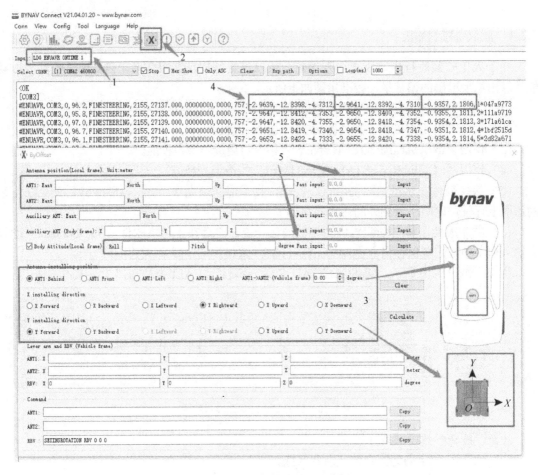

图 5-11　上位机快速配置示意图

（1）在 RTK 可以正常工作的基础上选择一个开阔的地方。

（2）输入"LOG ENUAVR ONTIME 1"指令。如果 RTK 正常，就会有语句输出。

（3）单击上位机软件工具栏中的"X"图标，打开这个小工具。

（4）在小工具的对应窗口中设置天线和设备的安装方向，如图 5-11 所示。

（5）等待 60s，当 ENU 语句输出稳定之后，分别复制图 5-11 中 4 部分的内容，将其相应地填入 5 部分中。4 部分中的内容分别为 ANT1 的 ENU 坐标、ANT2 的 ENU 坐标、横滚角俯仰角。

说明一下，之所以反复强调需要在 RTK 正常的情况下才能配置，是因为此步骤实质上是在利用精准的定位数据计算杆臂值，了解了这个原理可以进一步思考：杆臂是天线与设备坐标原点的三维空间距离，上面的操作只是获取了天线的精准位置，那如何计算与设备坐标原点的三维空间距离呢？显然以上提供的数据无法计算出我们想要的结果，还需要以下操作。

简要说明一下原理：我们需要增加一个辅助天线，将辅助天线接入 ANT1 位置，同样通过"ENU"指令获取该天线的 ENU 坐标，然后我们再告诉上位机这个辅助天线到设备原点的三维空间距离，这时上位机就能找到 ENU 坐标与空间距离的关系，按照这个关系结合前面的 ENU 坐标和姿态角度就能算出杆臂和旋转参数的值。

这样做的好处是什么？增加辅助天线不是依然要测量三维距离吗？是的，需要测量辅助天线的三维距离，但是可以任意摆放这个辅助天线，我们可以将其摆放到方便我们测量空间距离的位置上。例如，最直接的做法是将天线摆放到设备的坐标原点上（高度就是蘑菇头距底座的高度），如图 5-12 所示。

图 5-12　辅助天线的摆放示意图

确定好天线的位置后，同样需要等待 60s 后再复制 ANT1 的 ENU 坐标，然后测量天线到设备原点的空间距离，并分别将其填入图 5-13 所示图框的位置中。

图 5-13　辅助天线数据填写位置示意图

完成前面的操作之后，单击"Calculate"按钮，上位机即可帮我们计算出杆臂和旋转参数的值，并生成 3 条配置语句，我们只需要将其复制写入设备即可，如图 5-14 所示。

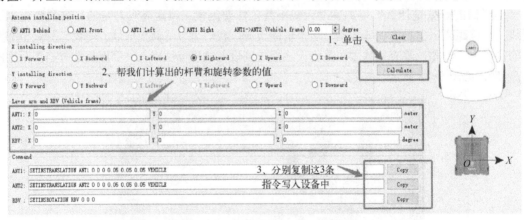

图 5-14　快速配置输出结果示意图

图 5-14 中 3 部分的操作相当于帮我们完成了 5.2.2 节、5.2.3 节中的内容，这样杆臂和旋转参数的配置就完成了，接下来也需要进行旋转参数校准，具体参照 5.2.4 节中的内容。

5.4　Autoware 下的适配操作

与 RTK 不同的是，在这里我们加入了 IMU 模块，从"Runtime Manager（于 autoware）"

界面中的"Sensing"标签页中可以看到，Autoware 已经支持 4 种 IMU 的驱动，如表 5-1 所示。由于 Autoware 自动驾驶平台自带代码 GNSS，IMU 是在不同节点实现的，而我们使用的 IMU 是集成在北云 A1 板卡上的，所以可以通过修改 GNSS 中的 Javad Delta 3 来增加支持，源码为 python 代码，位于 src/drivers/awf_drivers/javad_navsat_driver 目录下。后续有更高的性能需要，可以将北云板卡输出数据的格式配置成二进制格式，参考 Apollo 中的 GNSS 代码、Autoware GNSS 中的 Garmin GPS 18x LVC 修改适配。

表 5-1　IMU 驱动列表

IMU	连接类型	源码	发布话题
Memsic VG440	串口	C++	imu_raw
Xsens MTi-300	串口	python	imu_raw mti/sensor/sampl mti/sensor/magnetic mti/sensor/pressure mti/sensor/gnssPvt mti/filter/orientation mti/filter/velocity mti/filter/position temperature
MicROStrain 3DM-GX5-15	串口	C++	gps/fix imu_raw nav/odom nav/status
Analog Device ADIS16470	串口	C++	data_raw

1. 北云 A1 板卡配置

在 Windows 操作系统中打开上位机软件（BY_Connect），输入下列指令，配置北云板卡输出 RAWIMU、INSPVAXA、BESTPOSA 语句：

```
unlogallcom3
serialconfig com3 921600
log bestposa ontime1
log inspvaxa onnew
log rawimusa onnew
saveconfig
reboot
```

配置完成后，输入下面语句检查流动站输出的数据和串口波特率：

```
log loglist
log comconfig
```

2. 源码修改

对 src/drivers/awf_drivers/javad_navsat_driver/nodes/javad_topic_serial_reader 源文件增加

RAWIMUSA、INSPVAXA、BESTPOSA 语句分析，并发布"/imu_raw""/fix""/vel""/time_
reference"等话题。

读者可以根据下列的分析自行进行修改。

（1）"*/imu_raw"话题中的加速度、角速度来自 RAWIMUSA 语句，"orientation"中的四
元数由 INSPVAXA 语句中的 roll、pitch、yaw 转换而来。

（2）"*/fix"话题中的经度、纬度、高度来自 INSPVAXA 语句（经度、纬度、高度有一个
非零），否则来自 BESTPOSA 语句。

（3）"*/vel"话题中的速度来自 INSPVAXA 语句。

（4）*/time_reference 话题中的数据来自 RAWIMUSA 语句。

3. 测试串口输出

进入工控机的 Ubuntu 系统，打开一个终端，运行"minicom"指令，查看北云板卡 GNSS
的输出：

```
sudo minicom -D /dev/ttyUSB1 -b 921600
```

其中，-D 指定设备文件；-b 指定串口波特率。

如图 5-15 所示是运行"minicom"指令的结果示意图。

图 5-15 运行"minicom"指令的结果示意图

4．进入 Autoware，获取需要的信息

（1）启动 Docker，进入 Autoware 的工作空间。

（2）在"Runtime Manager（于 autoware）"界面中，单击"Sensing"标签。

（3）在"Sensing"标签页中，勾选"Javad Delta 3（Bynav）"，单击其后面的"config"，弹出"serial（于 autoware）"对话框。

（4）如图 5-16 所示，在"serial（于 autoware）"对话框中配置串口设备文件（/dev/ttyUSB0）及波特率（921600）。

（5）单击"OK"按钮，退出"serial（于 autoware）"对话框。启动串口读 GNSS 信息的服务程序（修改过源码后，也增加了 IMU 的支持）。

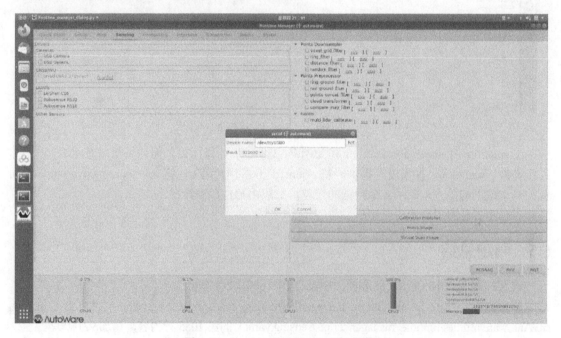

图 5-16　"serial（于 autoware）"对话框

（6）服务程序运行后，单击"Runtime Manager（于 autoware）"界面中的"Topics"标签。

（7）在"Topics"标签页中，单击"Refresh"按钮，之后单击"/imu_raw"，勾选"Echo"，此时即可查看到 IMU 信息，如图 5-17 所示。其中，姿态用四元数 orientation 表示，角速度（angular_velocity）和线性加速度（linear_acceleration）用三维向量表示。

142

无人系统驾控实践：基于 Autoware 自动驾驶平台

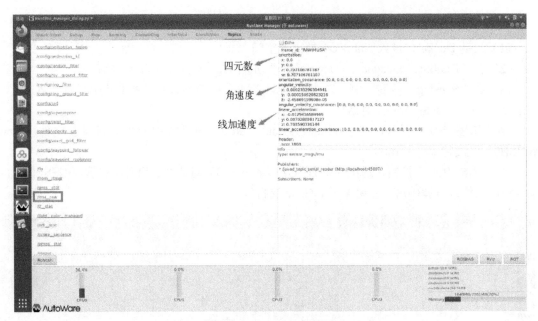

图 5-17　"Topics" 标签页

orientation 由 linear_acceleration 和 angular_velocity 计算而得，但并不是所有 IMU 设备都直接提供 orientation，如果没有提供，将 orientation 各项置为 0，将 orientation_covariance 各项置为-1。这里的协方差表示各个数据的误差，一般由器件厂商给出。

5.5　问题总结

问题：如图 5-18 所示，图形界面中没有 921600 波特率可选。

解决方案：修改 install/runtime_manager/lib/runtime_manager/sensing.yaml 文件（源码位置为 src/Autoware/utilities/runtime_manager/scripts/sensing.yaml）的第 1085 行内容，增加 921600。

```
1080          delim      : ':='
1081    -  name        : baud
1082          desc       : baud desc sample
1083          label      : 'Baud:'
1084          kind       : menu
1085          choices    : [ '1200', '2400', '4800', '9600', '19200', '38400', '57600', '115200', '230400' ]
1086          choices_type : str
1087          v          : '9600'
1088       cmd_param
1089          dash       : ''
1090          delim      : ':='
```

图 5-18　波特率示意图

第 6 章

Autoware 自动驾驶平台路径规划模块使用

一般可以将自动驾驶中的路径规划分为全局路径规划和局部路径规划。其中，全局路径规划解决了从起点到终点的整体路径，它是根据已知的先验地图信息进行搜索生成可行路径的；局部路径规划在全局路径的指引下，动态地规划一段平滑、安全的可行路径，主要用于解决无人车安全避障的问题。目前，常用的路径规划算法如图 6-1 所示。

路径规划		代表算法	优点	缺点
全局路径规划	基于图搜索	Dijkstra、A*、Hybrid A*等	搜索效率高、路径全局最优	产生路径不连续、不适用于高维问题
	基于采样搜索	RRT、RRT*、Informed RRT*等	不需要对状态空间离散化、能用于解决高维问题	产生的路径次优、收敛速率慢
	基于优化曲线	B样条、贝塞尔曲线等	计算消耗低、利于实现	产生的路径曲率可能不连续
局部路径规划	人工势场法		无须对全局进行搜索、规划效率高	会产生目标不可达现象、造成局部极小值
	动态窗口法		场景适应性更强	不适用于复杂环境
	基于学习方法	深度学习、强化学习、深度强化学习	不依赖地图、学习能力强、对传感器精度依赖低	需要与环境不断交互，不确定性较大

图 6-1　常用的路径规划算法

全局路径规划和局部路径规划在方法上并没有严格的界限，许多适用于全局路径规划的方法经过改进后也可以应用于局部路径规划。随着科学技术和人工智能技术的发展，无人驾驶车辆所要面临的场景越来越复杂，虽然现有的路径规划技术已经基本成熟，但每个算法都存在自身的不足和局限性，单靠某一种算法解决复杂的规划问题显然不切实际。因此，我们在规划自动驾驶场景时，可以对全局路径规划和局部路径规划算法进行融合，取长补短，提高算法的可行性和实际应用性。

为了实现低速无人车在园区环境下的自主导航和避障，本章采用的是全局路径规划和局部路径规划融合的方法。其中，全局路径规划采用 Hybrid A*算法实现，局部路径规划采用动态窗口法实现。

6.1　全局路径规划

本节将介绍如何利用 Hybrid A*算法完成无人车的全局路径规划，生成一条平滑、可行的路径，并且生成的路径满足车辆的动力学约束。具体步骤如下所示。

1. 启动 Autoware

运行以下指令，启动 Autoware，弹出如图 6-2 所示的"Runtime Manager"界面。

```
roslaunch runtime_manager runtime_manager.launch
```

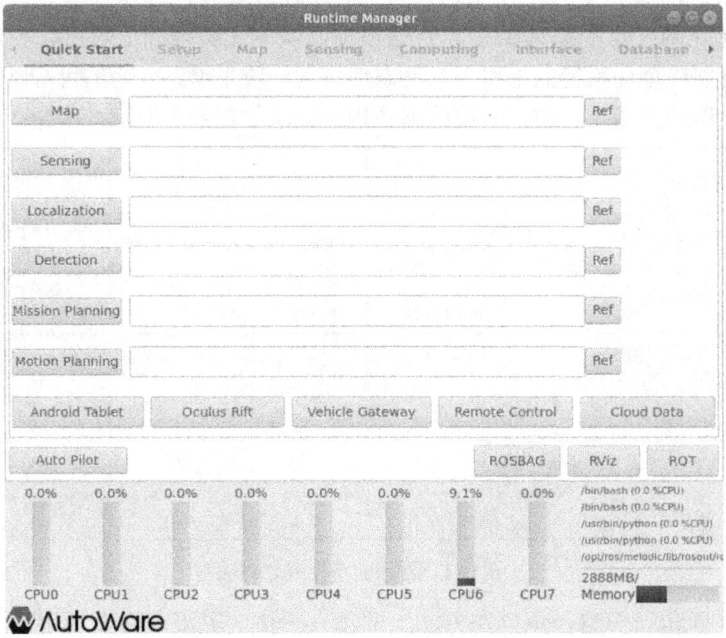

图 6-2　"Runtime Manager"界面

2. 打开雷达设备

（1）单击图 6-2 中的"Sensing"标签。

（2）在"Sensing"标签页中，勾选"LeiShen C16"，打开雷达设备，如图 6-3 所示（查看是否有雷达数据：进入"Topics"标签页，单击"Refresh"按钮，找到并单击"/points_raw"，勾选右侧的"Echo"，查看是否有内容。若有内容，则会显示一连串数据，如图 6-4 所示）。

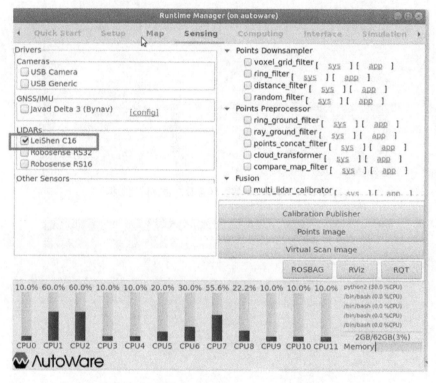

图 6-3　"Sensing"标签页（打开雷达设备）

3. 设置从 base_link 到 velodyne 坐标系的 TF

如图 6-5 所示，在"Setup"标签页中，确保"Localizer"下的选项为"Velodyne"，在"Baselink to Localizer"中设置好各个参数之后单击"TF"按钮。其中，x、y、z、yaw、pitch、roll 表示真车雷达中心点与车身后轴中心点的相对位置关系（右手坐标系，真车后车轴为原点），此时可以设置"Vehicle Model"。如果"Vehicle Model"为空，那么会加载一个默认模型，在"RViz"界面中显示时，如果有雷达数据，车辆就会显示为黑色。

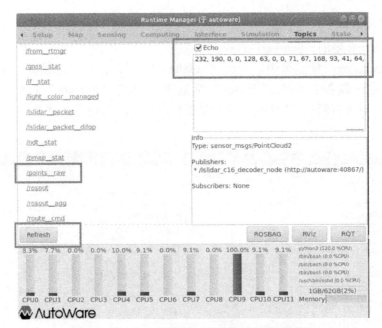

图 6-4 "Topics"标签页（查看是否有雷达数据）

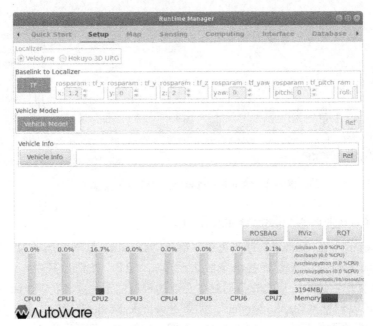

图 6-5 "Setup"标签页（设置从 base_link 到 velodyne 坐标系的 TF）

4．加载点云地图

（1）如图 6-6 所示，在"Map"标签页中，单击"Point Cloud"按钮后面的"Ref"按钮，加载 pcd 文件（点云地图）。

（2）单击"Point Cloud"按钮，若进度条显示"OK"，则加载完毕。

（3）单击"TF"按钮后面的"Ref"按钮，加载 launch 文件，这是加载 world 坐标系到 map 坐标系的转换文件，默认 world 坐标系和 map 坐标系重合。

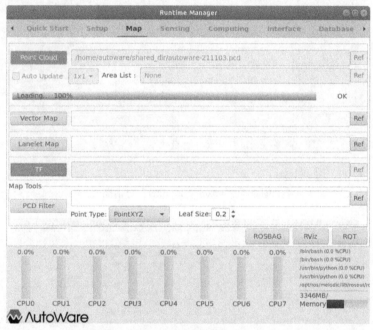

图 6-6　"Map"标签页（加载点云地图）

5．设置降采样方法

（1）在"Sensing"标签页中勾选"Points Downsampler"下的"voxel_grid_filter"，其是一种降采样方法，将点云数据用质心近似（用于降采样）。

（2）单击"voxel_grid_filter"右侧的"app"，弹出"voxel_grid_filter"对话框。

（3）在"voxel_grid_filter"对话框中设置相应参数，如图 6-7 所示。其中，"Voxel Leaf Size"的值设为 2，表示边长为 2m 的立方体内的全部点近似用 1 个质心代替；"Measurement Range"的值设为 200，表示点云的有效距离为 200m。

（4）单击"OK"按钮，退出"voxel_grid_filter"对话框。单击"Sensing"标签，在 "Sensing"标签页中勾选"ring_ground_filter"，该节点用于对点云地面进行过滤，如图 6-8 所示。

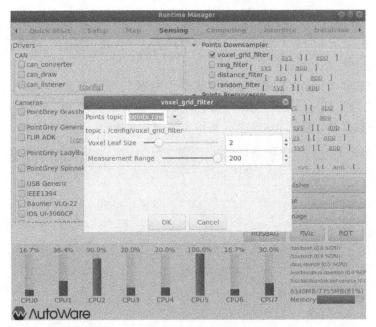

图 6-7 "voxel_grid_filter" 对话框

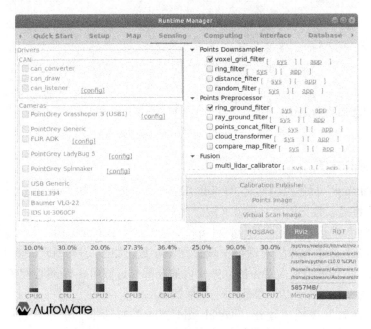

图 6-8 "Sensing" 标签页（勾选节点）

6. 自主定位

（1）如图 6-9 所示，在"Computing"标签页中勾选"lidar_localizer"下的"ndt_matching"和"autoware_connector"下的"vel_pose_connect"。其中，"ndt_matching"节点用于对车辆进行定位；"vel_pose_connect"节点用于输出车辆的位姿和速度信息。

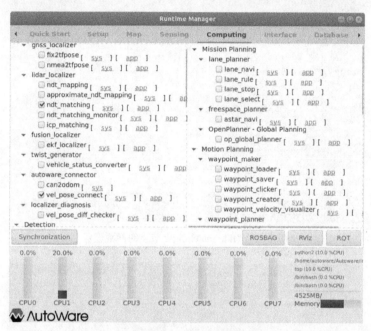

图 6-9　"Computing"标签页

（2）对"ndt_matching"节点的参数进行设置，如图 6-10 所示。如果未使用 GPU，则选择"pcl_generic"；如果使用 GPU，则选择"pcl_anh_gpu"。

（3）对"vel_pose_connect"节点的参数进行设置，如图 6-11 所示，确保"Simulation Mode"未被勾选。

7. 加载代价地图

（1）在"Computing"标签页中勾选"Semantics"下的"costmap_generator"。

（2）对"costmap_generator"节点的参数进行设置，如图 6-12 所示，Hybrid A*算法基于代价地图才能进行路径规划。注意：若无矢量地图，则不勾选"use_wayarea"，否则将无法进行路径规划，其他参数默认即可。

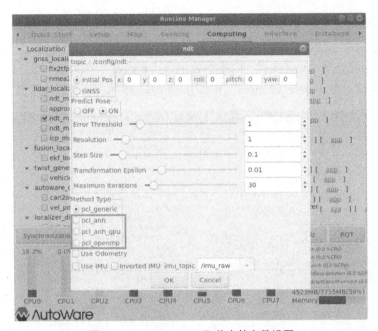

图 6-10 "ndt_matching"节点的参数设置

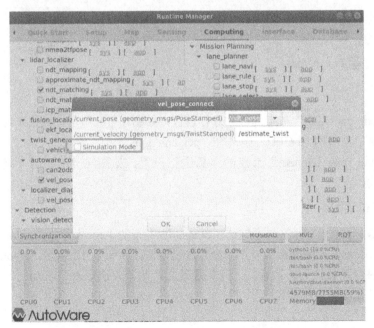

图 6-11 "vel_pose_connect"节点的参数设置

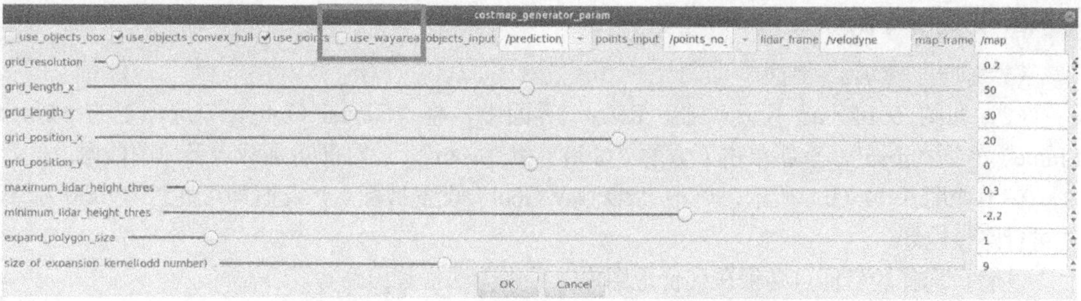

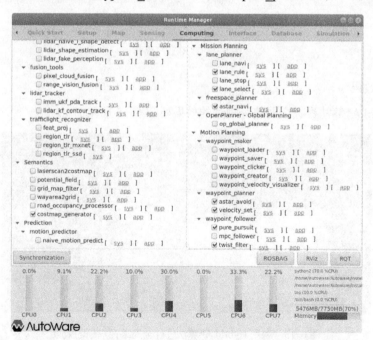

图 6-12　"costmap_generator"节点的参数设置

8. 加载 Hybrid A*算法节点

如图 6-13 所示，在"Computing"标签页中勾选"Mission Planning"下"lane_planner"中的"lane_rule"和"lane_select"；勾选"freespace_planner"下的"astar_navi"，表示使用 Hybrid A* 算 法 进 行 路 径 规 划；勾 选"waypoint_planner"下 的"astar_avoid"和"velocity_set"，该节点用于判断前方是否有障碍物，如果有，则计算与障碍物的距离进而判断是要减速还是停车；勾选"waypoint_follower"下的"pure_pursuit"和"twist_filter"。

图 6-13　"Computing"标签页（勾选 Hybrid A*算法所需节点）

9．启动所有节点

（1）打开"RViz"界面。

（2）如图 6-14（a）所示，在"RViz"界面中，将"Global Options"选项下的"Fixed Frame"改为"map"，重新单击下方的"Grid"和"Map"，此时即可加载点云地图数据。

（3）如图 6-14（b）所示，单击"2D Nav Goal"设置目标点，此时即可通过 Hybrid A*算法进行路径规划。

注意：选择的目标点必须在代价地图内，否则无法规划出路径。

（a）　　　　　　　　　　　　　　　　　　　　　（b）

图 6-14　"RViz"界面

10．显示效果

利用 Hybrid A*算法进行全局路径规划的效果如图 6-15 所示。

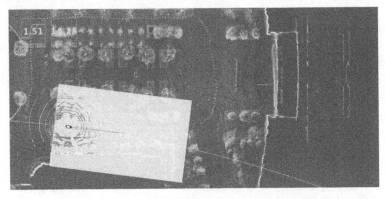

图 6-15　利用 Hybrid A*算法进行全局路径规划的效果

当路径不平滑或不符合车辆运动学约束时，Hybrid A*算法会不断对路径进行调整，直至生成平滑、可行的路径，如图 6-16 所示。

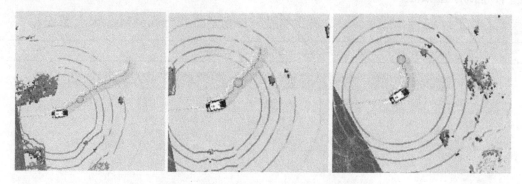

图 6-16 平滑、可行的路径

最终规划出的全局路径如图 6-17 所示。

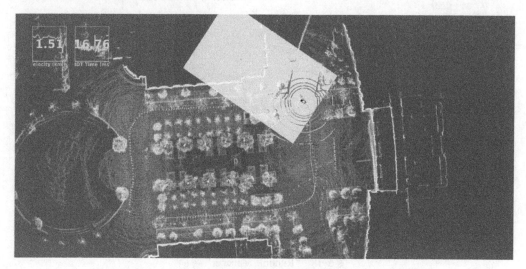

图 6-17 最终规划出的全局路径

6.2 局部路径规划

本节将介绍如何利用动态窗口法完成无人车的局部路径规划，包括候选路径生成、路径评估、动态环境感知等，同时结合全局路径规划，完成园区环境下无人车的自主导航和避障。

具体实现步骤如下所示。

1. 启动 Autoware

运行以下指令，启动 Autoware，弹出如图 6-18 所示的"Runtime Manager"界面。

```
roslaunch runtime_manager runtime_manager.launch
```

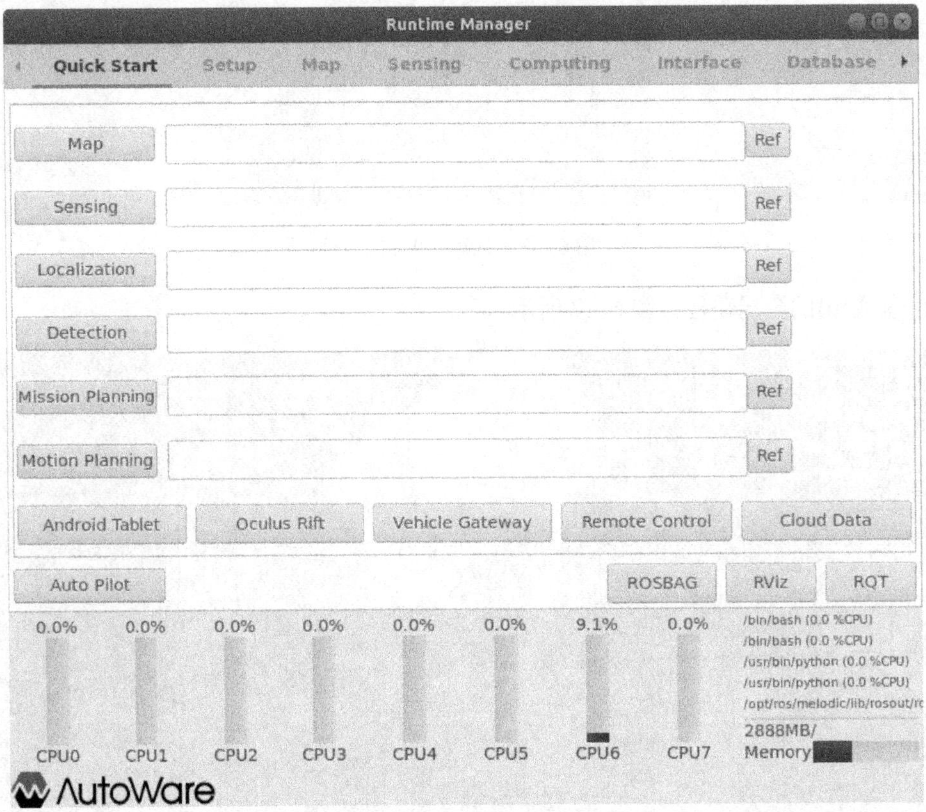

图 6-18　"Runtime Manager"界面

2. 打开雷达设备

单击图 6-18 中的"Sensing"标签，在"Sensing"标签页中，勾选"LeiShen C16"，打开雷达设备，如图 6-19 所示（查看是否有雷达数据：进入"Topics"标签页，单击"Refresh"按钮，找到并单击"/points_raw"，勾选右侧的"Echo"，查看是否有内容。若有内容，则会显示一连串数据，如图 6-20 所示）。

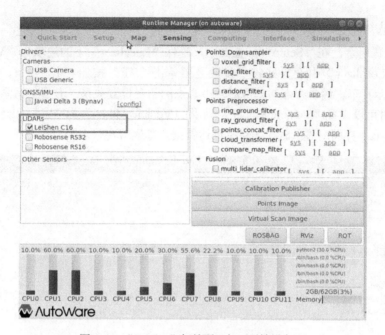

图 6-19 "Sensing" 标签页（打开雷达设备）

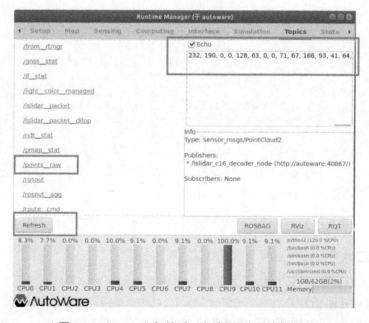

图 6-20 "Topics" 标签页（查看是否有雷达数据）

3．设置从 base_link 到 velodyne 坐标系的 TF

如图 6-21 所示，在"Setup"标签页中，确保"Localizer"下的选项为"Velodyne"，在"Baselink to Localizer"中设置好各个参数之后单击"TF"按钮。其中，x、y、z、yaw、pitch、roll 表示真车雷达中心点与车身后轴中心点的相对位置关系（右手坐标系，真车后车轴为原点），此时可以设置"Vehicle Model"。如果"Vehicle Model"为空，那么会加载一个默认模型，在"RViz"界面中显示时，如果有雷达数据，车辆就会显示为黑色。

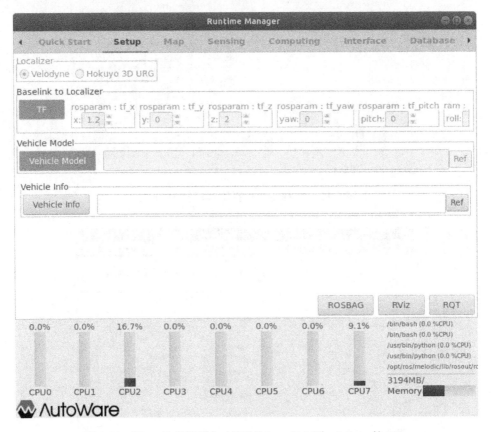

图 6-21　"Setup"标签页中（设置从 base_link 到 velodyne 的 TF）

4．加载点云地图

（1）如图 6-22 所示，在"Map"标签页中单击"Point Cloud"按钮后面的"Ref"按钮，加载 pcd 文件（点云地图）。

（2）单击"Point Cloud"按钮，若进度条显示"OK"，则加载完毕。

（3）单击"TF"按钮后面的"Ref"按钮，加载 launch 文件，即加载 world 坐标系到 map 坐标系的转换文件，默认 world 坐标系和 map 坐标系重合。

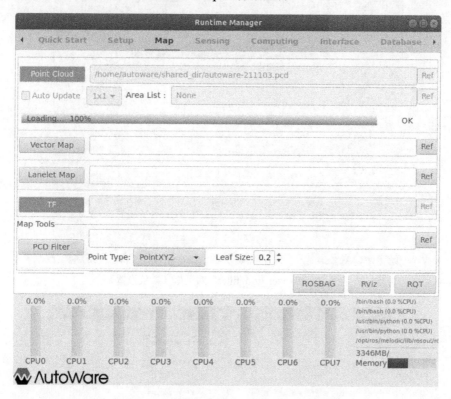

图 6-22　"Map"标签页（加载点云地图）

5. 设置降采样方法

（1）在"Sensing"标签页中勾选"Points Downsampler"下的"voxel_grid_filter"，其是一种降采样方法，将点云数据用质心近似（用于降采样）。

（2）单击"voxel_grid_filter"右侧的"app"，弹出"voxel_grid_filter"对话框。

（3）在"voxel_grid_filter"对话框中设置相应参数，如图 6-23 所示。其中，"Voxel Leaf Size"的值设为 2，表示边长为 2m 的立方体内的全部点近似用 1 个质心代替；"Measurement Range"的值设为 200，表示点云的有效距离为 200m。

（4）单击"OK"按钮，退出"voxel_grid_filter"对话框。单击"Sensing"标签，在"Sensing"标签页中勾选"ring_ground_filter"，该节点用于对点云地面进行过滤，如图 6-24 所示。

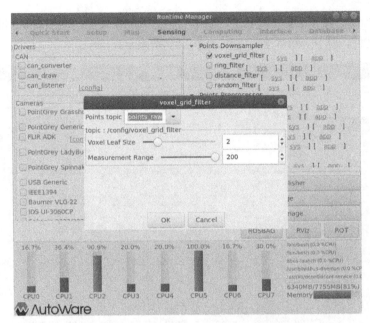

图 6-23　"voxel_grid_filter" 对话框（参数设置）

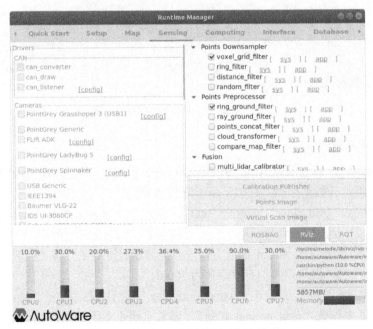

图 6-24　"Sensing" 标签页（勾选节点）

6. 自主定位

（1）如图 6-25 所示，在"Computing"标签页中勾选"lidar_localizer"下的"ndt_matching"和"autoware_connector"下的"vel_pose_connect"。其中，"ndt_matching"节点用于对车辆进行定位；"vel_pose_connect"节点用于输出车辆的位姿和速度信息。

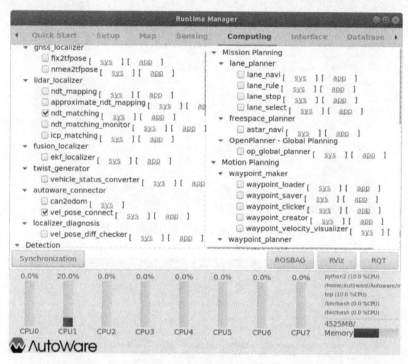

图 6-25 "Computing"标签页

（2）对"ndt_matching"节点的参数进行设置，如图 6-26 所示。如果未使用 GPU，则选择"pcl_generic"；如果使用 GPU，则选择"pcl_anh_gpu"。

（3）对"vel_pose_connect"节点的参数进行设置，如图 6-27 所示，确保"Simulation Mode"未被勾选。

7. 雷达聚类目标检测

（1）在"Computing"标签页中勾选"Detection"下的"lidar_euclidean_cluster_detect"，该节点用来检测障碍物，此处使用的是雷达聚类算法，需要根据实际需求单击相应的节点。

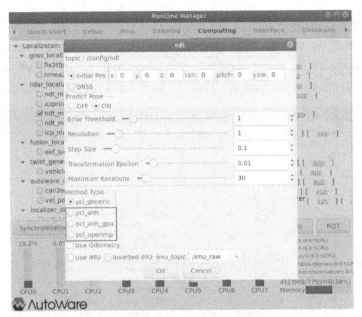

图 6-26　"ndt_matching" 节点的参数设置

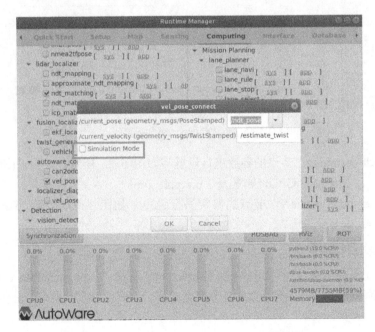

图 6-27　"vel_pose_connect" 节点的参数设置

（2）对"lidar_euclidean_cluster_detect"节点的参数进行设置，如图 6-28 所示。

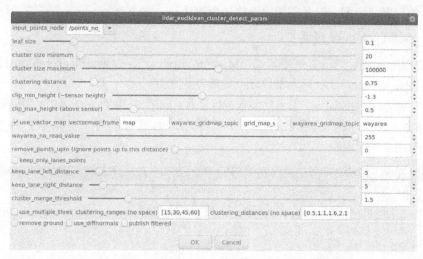

图 6-28　"lidar_euclidean_cluster_detect"节点的参数设置

8.目标跟踪

（1）如图 6-29 所示，在"Computing"标签页中勾选"lidar_tracker"下的"imm_ukf_pda_track"，该节点用于对障碍物进行跟踪。

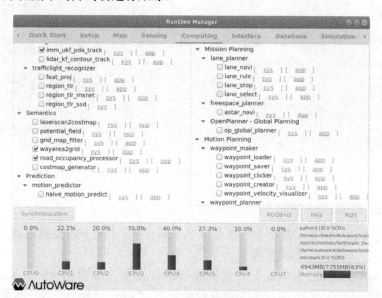

图 6-29　"Computing"标签页

（2）勾选"Semantics"下的"wayarea2grid"和"road_occupancy_processor"，用于确定可行驶区域，类似栅格地图，但是范围比栅格地图更大。

9. op_global_planner 模块

（1）在"Computing"标签页中勾选"Mission Planning"-"OpenPlanner-Global Planning"下的"op_global_planner"，对无人车进行全局路径规划。

（2）对"op_global_planner"节点的参数进行设置，如图 6-30 所示。其中，"Replanning"用于到达目标点后，可以重新规划到下一个目标点，如果有了两个目标点，那么会循环；"Smoothing"用于平滑路径。

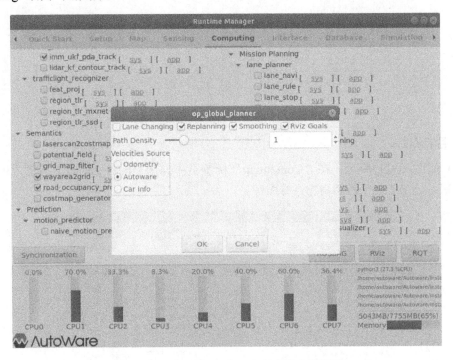

图 6-30　"op_global_planner"节点的参数设置

10. op_local_planner 模块

在"Computing"标签页中勾选"Motion Planning"-"OpenPlanner-Local Planning"下的所有节点，对无人车进行局部路径规划。

（1）对"op_common_params"节点的参数进行设置，如图 6-31 所示。其中，"Plan Ditance"用于设置路径两侧衍生出的局部路径的长度；"Path Density"用于设置局部路径上两个轨迹点的距离；"Horizontal Density"用于设置两个局部路径的间距；"Rollouts Number"用于设置局部路径的数量；"Max Velocity"用于设置路径上的执行速度，避障时局部路径上的速度减半，单位为 m/s；"Follow Distance"是关键参数，沿着路径设置从多远检测障碍物；"Avoid Distance"用于感知到路径上的障碍物，判断多远开始绕行；"Avoidance Limit"用于判断距离障碍物多远时可以行驶；"Lateral Safety"与"Longitudinal Safty"设置车辆安全框的尺寸，分别代表车辆安全框的宽与长。

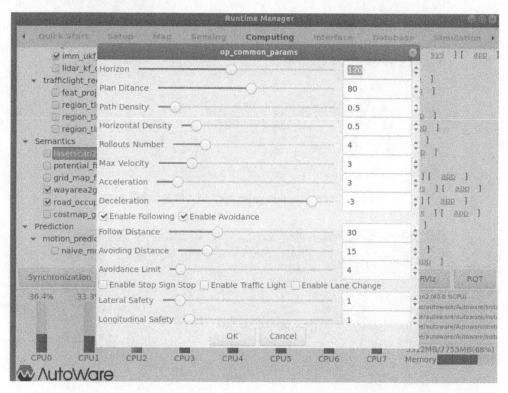

图 6-31　"op_common_params"节点的参数设置

（2）对"op_trajectory_generator"节点的参数进行设置，如图 6-32 所示。其中，"Tip Margin"用于设置车身到路径分叉点的距离；"Roll In Margin"用于设置局部路径弯折的距离。

（3）对"op_motion_predictor"节点的参数进行设置，如图 6-33 所示。其中，"Detect curbs from map"用于将路沿判定为障碍物。

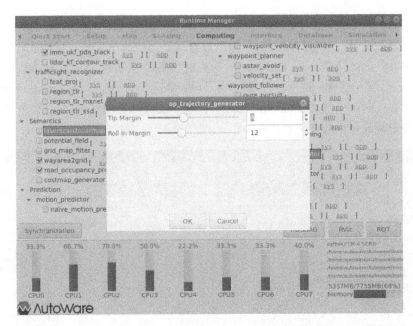

图 6-32　"op_trajectory_generator" 节点的参数设置

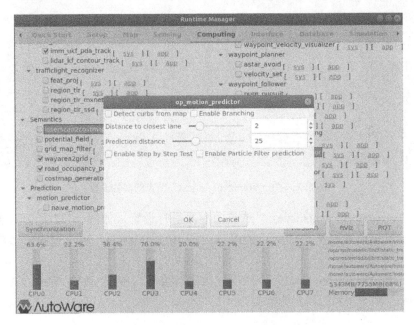

图 6-33　"op_motion_predictor" 节点的参数设置

11. 启动所有节点

（1）打开"RViz"界面，将"Global Optins"选项下的"Fixed Frame"改为"map"，重新单击下方的"Grid"和"Map"，此时即可加载点云地图数据。

（2）在打开的"RViz"界面中，单击上方的"2D Pose Estimate"，选定起点。

（3）单击"2D Nav Goal"，确定目标点，这样即可自动规划出从起点到目标点的全局路径。

规划出的全局路径如图 6-34 所示。

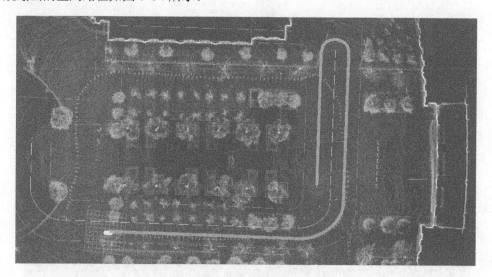

图 6-34　规划出的全局路径

12. 雷达聚类目标检测

（1）单击"RViz"界面中的"Add"按钮，进入"rviz"对话框。

（2）在"rviz"对话框中，单击"By topic"标签。

（3）如图 6-35 所示，在"By topic"标签页中勾选"/detection"-"/lidar_detector"-"/objects_markers"下的"MarkerArray"，订阅雷达聚类目标检测的话题，即对周围环境进行检测。

雷达聚类目标检测的效果如图 6-36 所示。

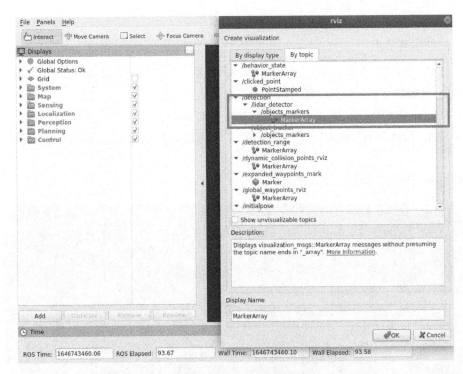

图 6-35 "By topic"标签页（订阅雷达聚类目标检测话题）

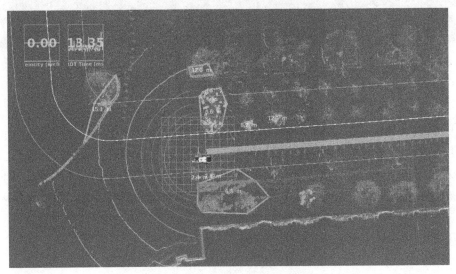

图 6-36 雷达聚类目标检测的效果

13. 确定可行驶区域

（1）单击"RViz"界面中的"Add"按钮，进入"rviz"对话框。

（2）在"rviz"对话框中，单击"By topic"标签。

（3）如图 6-37 所示，在"By topic"标签页中勾选"/occupancy_road_status"和"/occupancy_wayarea"下的"Map"，即可订阅可行驶区域的话题信息，用于确定可行驶区域。

图 6-38 中的白色区域即为可行驶区域。

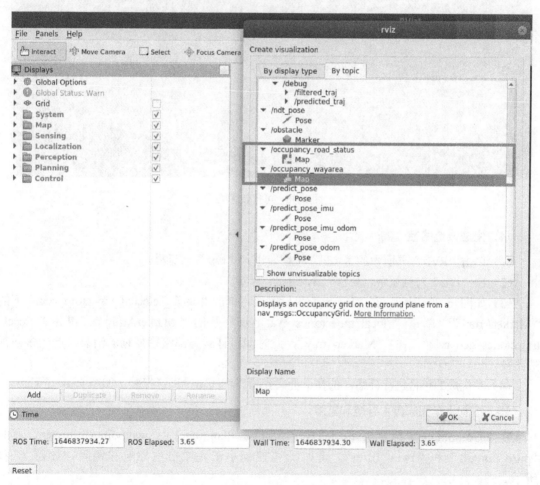

图 6-37　"By topic"标签页（订阅"/occupancy_road_status"和"occupancy_wayarea"话题信息）

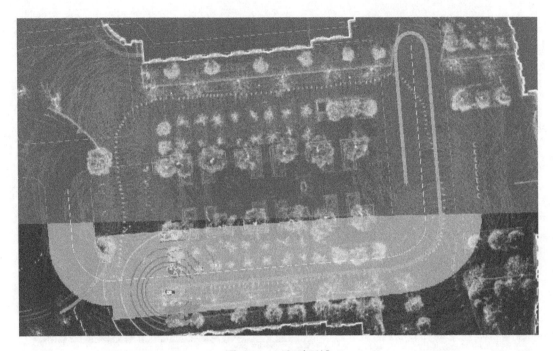

图 6-38　可行驶区域

14. 生成候选路径

（1）单击"RViz"界面中的"Add"按钮，进入"rviz"对话框。

（2）在"rviz"对话框中，单击"By topic"标签。

（3）如图 6-39 所示，在"By topic"标签页中单击"/local_selected_trajectory_rviz"下的"MarkerArray"、单击"/local_trajectories_eval_rviz"下的"MarkerArray"、单击"/local_trajectories_gen_rviz"下的"MarkerArray"，此时即可订阅局部路径规划的消息，产生多条候选路径。

（4）对生成的路径进行评估，选择不会碰到障碍物的路线进行行驶，如图 6-40 所示。

15. 控制小车完成自主导航和避障

在"Computing"标签页下，单击"Motion Planning"-"waypoint_follower"下的"pure_pursuit"和"twist_filter"，此时即可控制小车完成自主导航和避障，如图 6-41 所示。

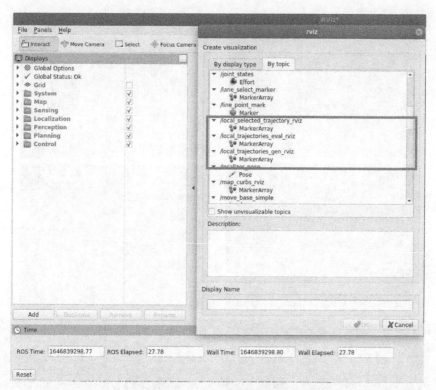

图 6-39　"By topic" 标签页

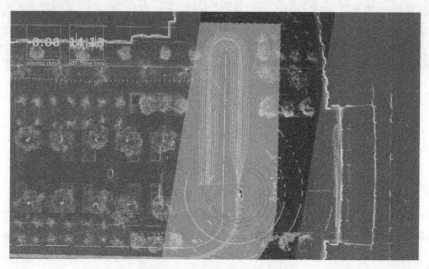

图 6-40　局部路径规划的效果

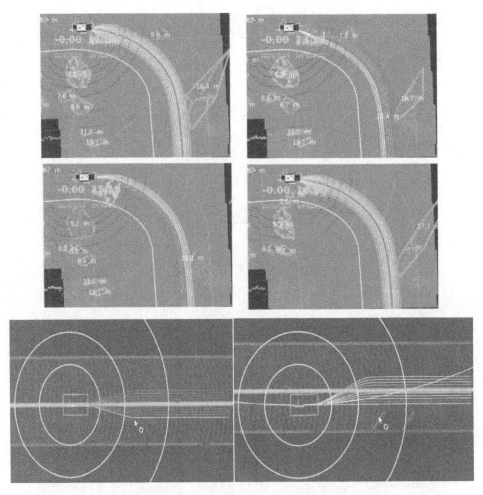

图 6-41 控制小车完成自主导航和避障

参 考 文 献

[1] Gonzalez. D, Perez. J, Milanes. V, et al. A review of motion planning techniques for automated vehicles[J]. IEEE Transactions on Intelligent Transportation System. 2016, 17(4):1135-1145.

[2]　杜卓洋. 无人驾驶车辆轨迹规划算法研究[D]. 杭州：浙江大学，2019.

[3]　郑开瑜. 结构化环境下自主车辆的局部路径规划[D]. 杭州：浙江大学，2020.

[4]　Qureshi A H, Miao Y, Simeonov A, et al. Motion planning networks: Bridging the gap between learning-based and classical motion planners[J]. IEEE Transactions on Robotics, 2020, 37(1): 48-66.

[5]　Sun H, Zhang W, Runxiang Y U, et al. Motion planning for mobile Robots–focusing on deep reinforcement learning: A systematic Review[J]. IEEE Access, 2021.

[6]　H. Darweesh, E. Takeuchi, K. Takeda, Y. Ninomiya, A. Sujiwo, L. Y. Morales, N. Akai, T. Tomizawa, and S. Kato. Open source integrated planner for autonomous navigation in highly dynamic environments[J]. Journal of Robotics and Mechatronics, 2017,29(4):　668-684.

[7]　Gammell. D. J, Srinivasa. S. S, Barfoot. D. T. Informed rrt*: Optimal sampling-based path planning focused via direct sampling of an admissible ellipsoidal heuristic[C]. 2014 IEEE/RSJ International Conference on Intelligent Robots and Systems(IROS), 2014 IEEE/RSJ International Conference on. IEEE, 2014, 2997-3004.

第 **7** 章

Autoware 自动驾驶平台跟踪控制模块使用

自动驾驶跟踪控制模块是指无人车在获取环境感知和路径规划的结果之后，在车辆的运动学和动力学约束下计算出相应的控制指令，包括加速、制动、转向等，接着发布控制指令到车辆底盘执行器，从而可靠、精准地跟踪期望路径。

无人车的运动控制可以分为横向控制和纵向控制。其中，横向控制简单来说就是转向控制，基于当前车辆与预期位置的横向偏差，然后通过控制车辆方向盘或者直接改变车辆的转向轮角度实现车辆对目标路径的自主跟踪；纵向控制是对车辆纵向运动状态的控制，实现无人车对规划路径上各点的速度跟踪或者与前车保持安全距离。目前，常见的跟踪控制方法如表 7-1 所示。

表 7-1　常见的跟踪控制方法

控制方法	优点	缺点
纯跟踪&Stanley	适用于对无人车的位置进行控制	不适用于高速和道路条件复杂的情况
PID	结构简单、稳定性好、广泛应用于工业工程	具有控制时延问题，不善于处理 MIMO 系统问题
无模型控制	控制结构简单	控制系统通常被看作黑盒，难以做稳定性分析
LQR	易于实现闭环优化控制	控制器设计需要基于线性模型，鲁棒性较差
MPC	善于处理 MIMO 系统和多约束线性、非线性问题	难以对无人驾驶环境做出精确建模，不能对环境变化做出自适应调整

7.1　纯跟踪控制

本节将介绍如何利用激光雷达，使用纯跟踪控制方法完成无人车自主循迹。具体实现步骤如下所示。

1. 启动 Autoware

运行以下指令，启动 Autoware，弹出如图 7-1 所示的"Runtime Manager"界面。

```
roslaunch runtime_manager runtime_manager.launch
```

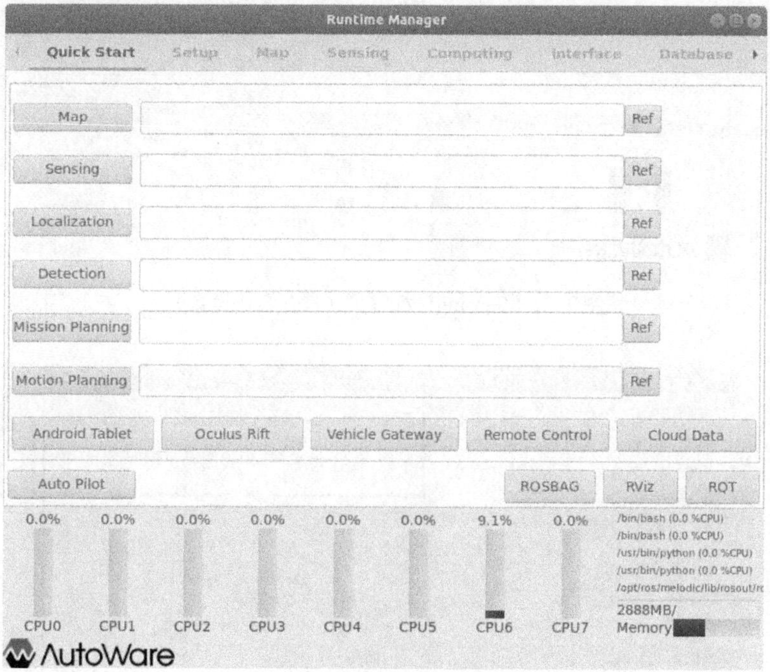

图 7-1　"Runtime Manager"界面

2. 打开雷达设备

单击图 7-1 中的"Sensing"标签，在该标签页中，勾选"LeiShen C16"，打开雷达设备，如图 7-2 所示（查看是否有雷达数据：进入"Topics"标签页，单击"Refresh"按钮，找到并单击"/points_raw"，勾选右侧的"Echo"，查看是否有内容。若有内容，则会显示一连串数据，如图 7-3 所示）。

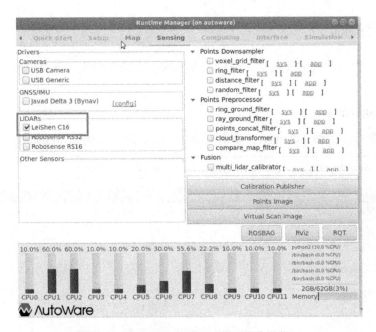

图 7-2 "Sensing"标签页（打开雷达设备）

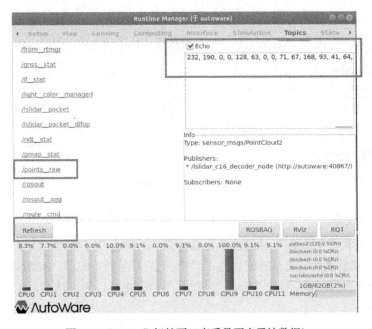

图 7-3 "Topics"标签页（查看是否有雷达数据）

3．设置从 base_link 到 velodyne 坐标系的 TF

如图 7-4 所示，在"Setup"标签页中，确保"Localizer"下的选项为"Velodyne"，在 "Baselink to Localizer"中设置好各个参数之后单击"TF"按钮。其中，x、y、z、yaw、 pitch、roll 表示真车雷达中心点与车身后轴中心点的相对位置关系（右手坐标系，真车后车轴 为原点），此时可以设置"Vehicle Model"。如果"Vehicle Model"为空，那么会加载一个默 认模型，在"RViz"界面中显示时，如果有雷达数据，车辆就会显示为黑色。

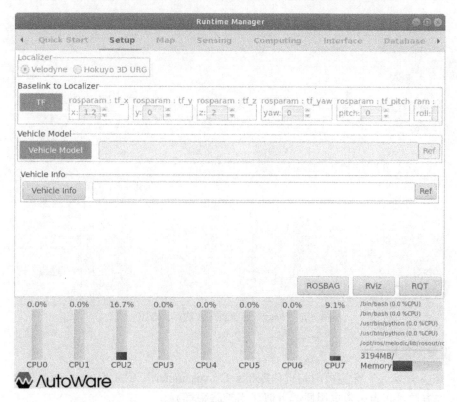

图 7-4　"Setup"标签页（设置从 base_link 到 velodyne 的 TF）

4．加载点云地图

（1）如图 7-5 所示，在"Map"标签页中，单击"Point Cloud"按钮后面的"Ref"按 钮，加载 pcd 文件（点云地图）。

（2）单击"Point Cloud"按钮，若进度条显示"OK"，则加载完毕。

（3）单击"TF"按钮后面的"Ref"按钮，加载 launch 文件，即加载 world 坐标系到 map

坐标系的转换文件，默认 world 坐标系和 map 坐标系重合。

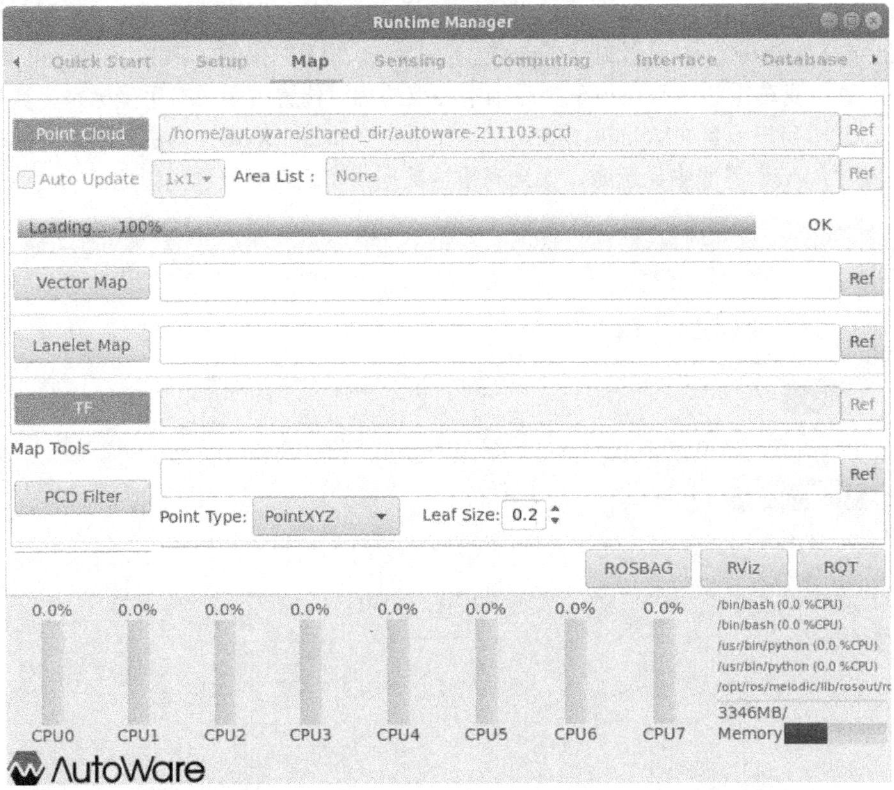

图 7-5　"Map" 标签页（加载点云地图）

5. 设置降采样方法

（1）在 "Sensing" 标签页中勾选 "Points Downsampler" 下的 "voxel_grid_filter"，其是一种降采样方法，将点云数据用质心近似（用于降采样）。

（2）单击 "voxel_grid_filter" 右侧的 "app"，弹出 "voxel_grid_filter" 对话框。

（3）在 "voxel_grid_filter" 对话框中设置相应参数，如图 7-6 所示。其中，"Voxel Leaf Size" 的值设为 2，表示边长为 2m 的立方体内的全部点近似用 1 个质心代替；"Measurement Range" 的值设为 200，表示点云的有效距离为 200m。

（4）在 "Sensing" 标签页中勾选 "ring_ground_filter"，该节点用于对点云地面进行过滤，如图 7-7 所示。

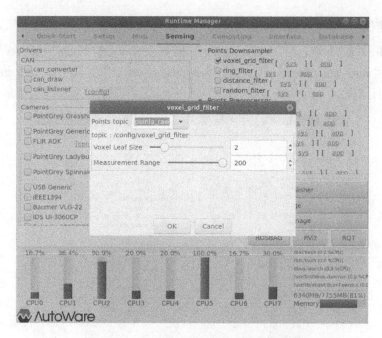

图 7-6　"voxel_grid_filter"节点的参数设置

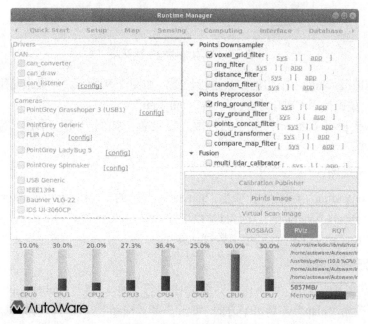

图 7-7　"Sensing"标签页

6. 自主定位

（1）如图 7-8 所示，在"Computing"标签页中勾选"lidar_localizer"下的"ndt_matching"和"autoware_connector"下的"vel_pose_connect"。其中，"ndt_matching"节点用于对车辆进行定位；"vel_pose_connect"节点用于输出车辆的位姿和速度信息。

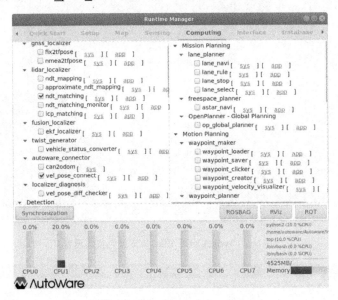

图 7-8 "Computing"标签页

（2）对"ndt_matching"节点的参数进行设置，如图 7-9 所示。如果未使用 GPU，则选择"pcl_generic"；如果使用 GPU，则选择"pcl_anh_gpu"。

（3）对"vel_pose_connect"节点的参数进行设置，如图 7-10 所示，确保"Simulation Mode"未被勾选。

7. 加载代价地图

（1）在"Computing"标签页中勾选"Semantics"下的"costmap_generator"。

（2）对"costmap_generator"节点的参数进行设置，如图 7-11 所示。注意：若无矢量地图，则不勾选"use_wayarea"，其他参数默认即可。

8. 加载点云地图数据

如图 7-12 所示，打开"RViz"界面，在该界面中，将"Global Options"选项下的"Fixed Frame"改为"map"，单击下方的"Grid"和"Map"，此时即可加载点云地图数据。

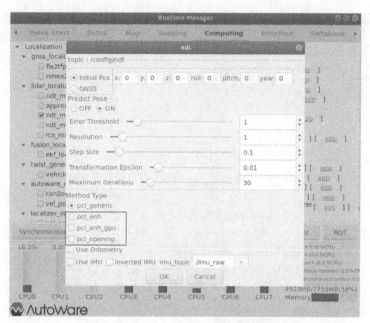

图 7-9　"ndt_matching"节点的参数设置

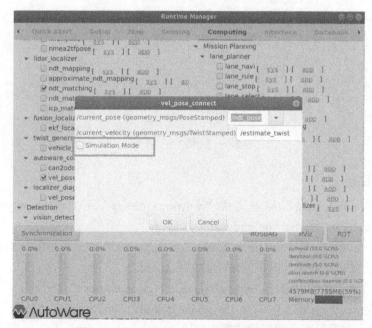

图 7-10　"vel_pose_connect"节点的参数设置

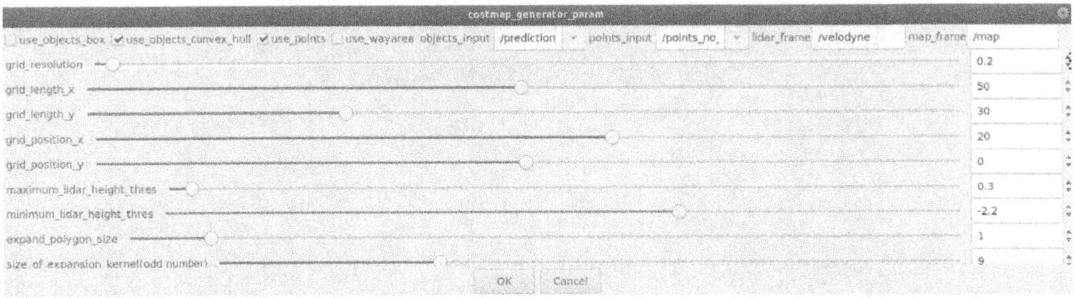

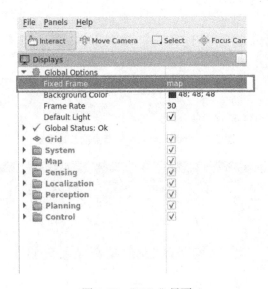

图 7-11　"costmap_generator" 节点的参数设置

图 7-12　"RViz" 界面

9. 加载路径点

（1）单击 "Computing" 标签页中 "waypoint_maker" 下 "waypoint_loader" 后面的 "app"，弹出 "waypoint_loader（on autoware）" 对话框。

（2）如图 7-13 所示，在 "waypocnt_loader（on autoware）" 对话框中单击 "multi_lane" 后面的 "Ref" 按钮，加载之前保存下来的路径点文件。

（3）单击 "OK" 按钮，退出 "waypoint_loader（on autoware）" 对话框。

（4）在 "Sensing" 标签页中勾选 "waypoint_loader"。此时可以在 "RViz" 界面中查看是否有航迹点显示。如果没有，可以尝试重新勾选 "waypoint_loader"。

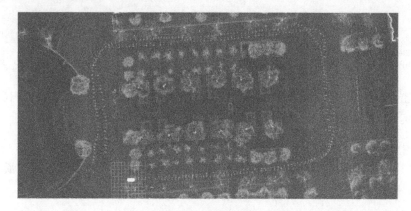

图 7-13 "waypoint_loader（on autoware）"对话框（加载路径点）

最终加载好的路径点如图 7-14 所示。

图 7-14 最终加载好的路径点

10．加载纯跟踪控制方法节点

（1）在"Computing"标签页中勾选"waypoint_planner"下的"astar_avoid"和"velocity_set"，该节点用于判断前方是否有障碍物。如果有，则计算与障碍物的距离进而判断是要减速还是停车。

（2）勾选"waypoint_follower"下的"pure_pursuit"和"twist_filter"。

（3）单击"pure_pursuit"后面的"app"，调节纯跟踪控制方法，对该节点的参数进行设置，如图 7-15 所示。

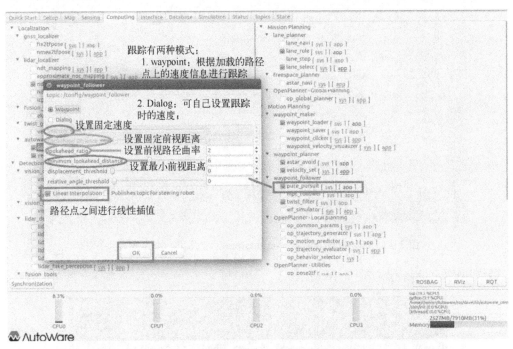

图 7-15 "pure_pursuit"节点的参数设置

（4）单击"twist_filter"后面的"app"，对该节点的参数进行设置，如图 7-16 所示。

（5）勾选纯跟踪控制所需的节点，如图 7-17 所示。

11．显示效果

从图 7-18 中可以看到利用纯跟踪控制方法控制小车跟踪参考路径的过程，最终的跟踪效果如图 7-19 所示。

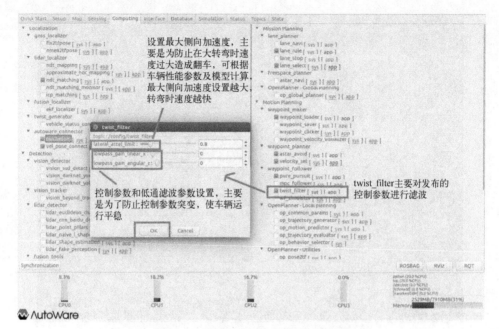

图 7-16　"twist_filter" 节点的参数设置

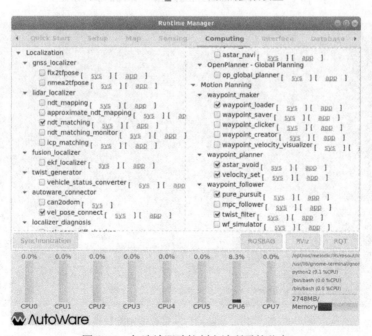

图 7-17　勾选纯跟踪控制方法所需的节点

图 7-18 纯跟踪控制方法控制小车跟随的参考路径

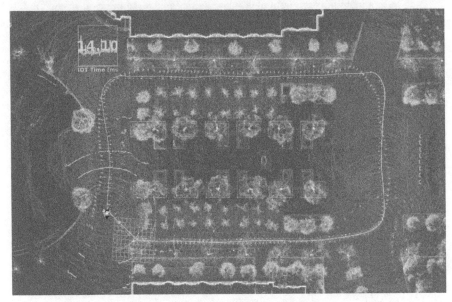

图 7-19 纯跟踪方法最终的跟踪效果

7.2　模型预测控制

本节将介绍如何利用激光雷达，使用模型预测控制方法完成无人车自主循迹。具体实现步骤如下所示。

1．启动 Autoware

运行以下指令，启动 Autoware，弹出如图 7-20 所示的"Runtime Manayer"界面。

```
roslaunch runtime_manager runtime_manager.launch
```

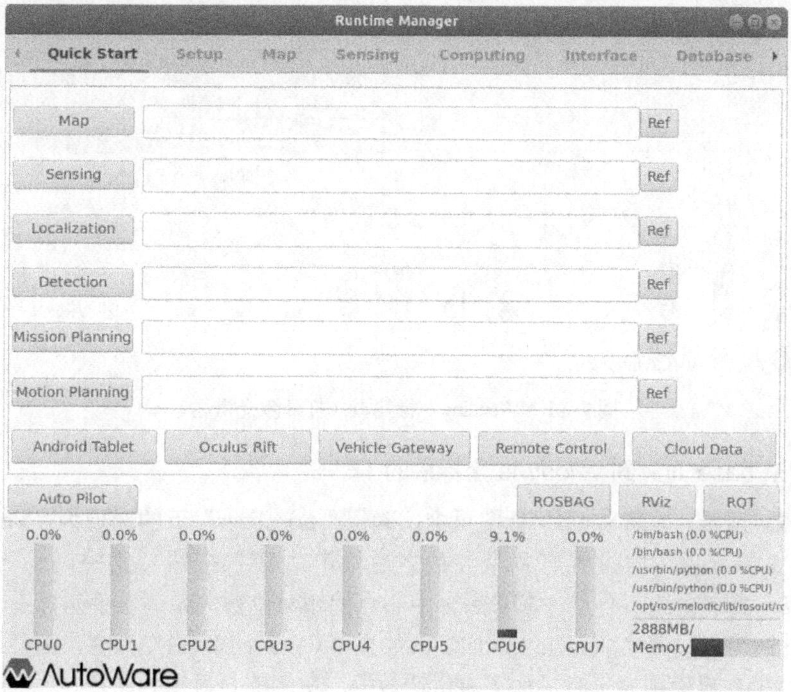

图 7-20　"Runtime Manager"界面

2．打开激光雷达

单击图 7-20 中的"Sensing"标签，在"Sensing"标签页中勾选"LeiShen C16"，打开激光雷达设备，如图 7-21 所示（查看是否有激光雷达数据：进入"Topics"标签页，单击"Refresh"按钮，找到并单击"/points_raw"，勾选右侧的"Echo"，查看是否有内容。若有内容，则会显示一连串数据，如图 7-22 所示）。

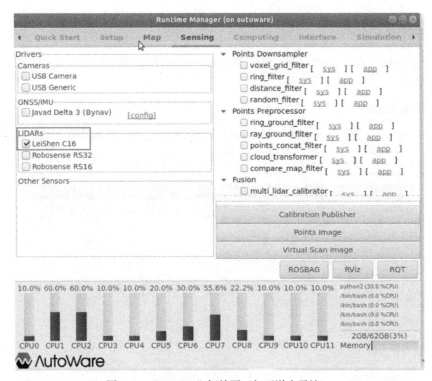

图 7-21 "Sensing"标签页（打开激光雷达）

3．设置从 base_link 到 velodyne 坐标系的 TF

如图 7-23 所示，在"Setup"标签页中，确保"Localizer"下的选项为"Velodyne"，在"Baselink to Localizer"中设置好各个参数之后单击"TF"按钮。其中，x、y、z、yaw、pitch、roll 表示真车雷达中心点与车身后轴中心点的相对位置关系（右手坐标系，真车后车轴为原点），此时可以设置"Vehicle Model"。如果"Vehicle Model"为空，则会加载一个默认模型，在"RViz"界面中显示时，如果有雷达数据，车辆就会显示为黑色。

4．加载点云地图

（1）如图 7-24 所示，在"Map"标签页中，单击"Point Cloud"按钮后面的"Ref"按钮，加载 pcd 文件（点云地图）。

（2）单击"Point Cloud"按钮，若进度条显示"OK"，则加载完毕。

（3）单击"TF"按钮后面的"Ref"按钮，加载 launch 文件，即加载 world 坐标系到 map 坐标系的转换，默认 world 坐标系和 map 坐标系重合。

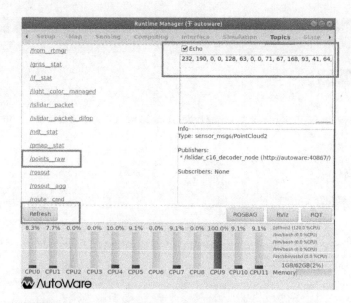

图 7-22　"Topics" 标签页（查看是否有激光雷达数据）

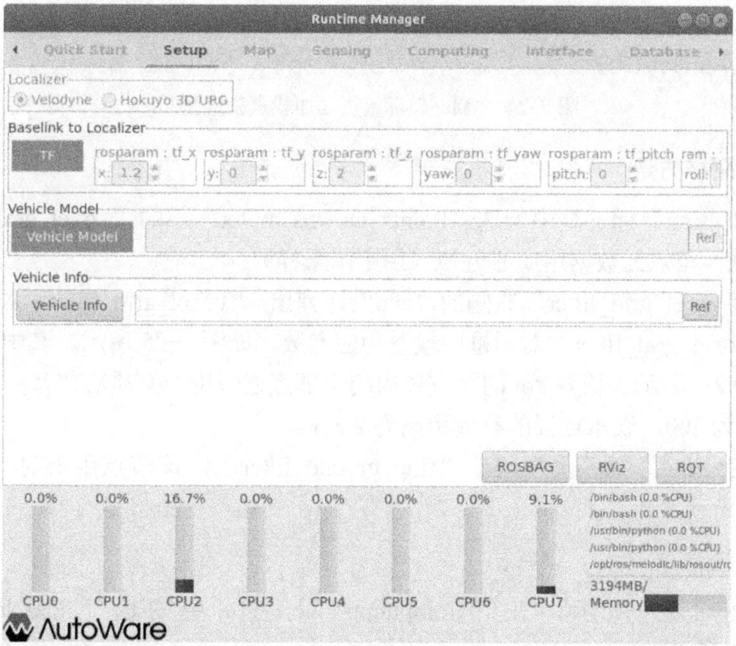

图 7-23　"Setup" 标签页（设置从 base_link 到 velodyne 坐标系的 TF）

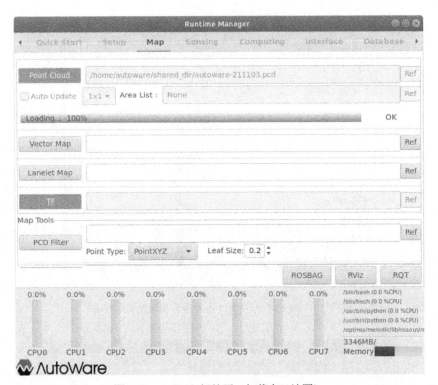

图 7-24 "Map"标签页（加载点云地图）

5. 设置降采样方法

（1）在"Sensing"标签页中勾选"Points Downsampler"下的"voxel_grid_filter"，其是一种降采样方法，将点云数据用质心近似（用于降采样）。

（2）单击"voxel_grid_filter"右侧的"app"，弹出"voxel_grid_filter"对话框。

（3）在"voxel_grid_filter"对话框中设置相应参数，如图 7-25 所示。其中，"Voxel Leaf Size"的值设为 2，表示边长为 2m 的立方体内的全部点近似用一个质心代替；"Measurem ent Range"的值设为 200，表示点云的有效距离为 200m。

（4）在"Sensing"标签页中勾选"ring_ground_filter"，该节点用于对点云地面进行过滤，如图 7-26 所示。

6. 自主定位

（1）如图 7-27 所示，在"Computing"标签页中勾选"lidar_localizer"下的"ndt_matching"和"autoware_connector"下的"vel_pose_connect"。其中，"ndt_matching"节点用于对车辆进行定位；"vel_pose_connect"节点用于输出车辆的位姿和速度信息。

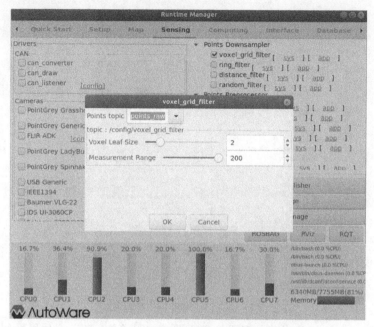

图 7-25　"voxel_grid_filter"节点的参数设置

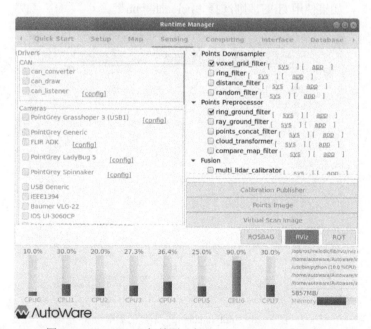

图 7-26　"Sensing"标签页（勾选"ring_ground_filter"）

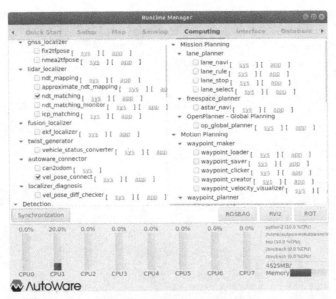

图 7-27 "Computing" 标签页

（2）对 "ndt_matching" 节点的参数进行设置，如图 7-28 所示。如果未使用 GPU，则选择 "pcl_generic"；如果使用 GPU，则选择 "pcl_anh_gpu"。

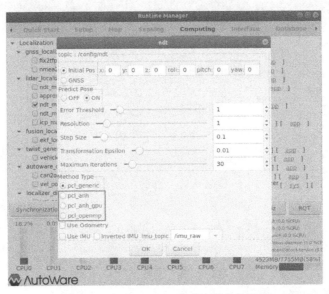

图 7-28 "ndt_matching" 节点的参数设置

（3）对"vel_pose_connect"节点的参数进行设置，如图 7-29 所示，确保"Simulation Mode"未被勾选。

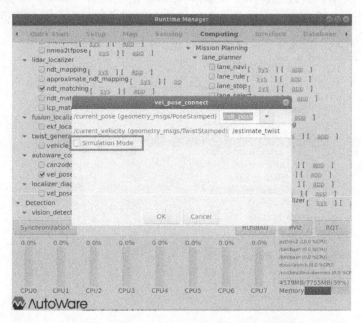

图 7-29　"vel_pose_connect"节点的参数设置

7．加载代价地图

（1）在"Computing"标签页中勾选"Semantics"下的"costmap_generator"。

（2）对"costmap_generator"节点的参数进行设置，如图 7-30 所示。注意：若无矢量地图，则不勾选"use_wayarea"，其他参数默认即可。

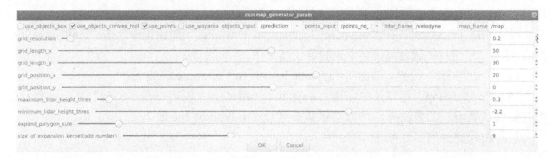

图 7-30　"costmap_generator"节点的参数设置

8．加载点云地图数据

如图 7-31 所示，打开"RViz"界面，在该界面中，将"Global Options"选项下的"Fixed Frame"改为"map"，单击下方的"Grid"和"Map"，此时即可加载点云地图数据。

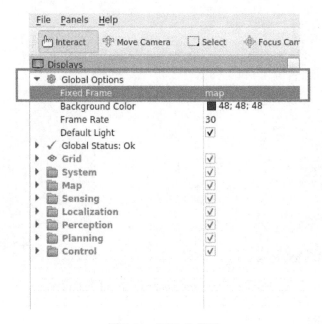

图 7-31 "RViz"界面

9．加载路径点

（1）单击"Computing"标签页中"waypoint_maker"下"waypoint_loader"后面的"app"，弹出"waypoint_loader（on autoware）"对话框。

（2）如图 7-32 所示，在"waypoint_loader（on autoware）"对话框中单击"multi_lane"后面的"Ref"按钮，加载之前保存下来的路径点文件。

（3）单击"OK"按钮，退出"waypoint_loader（on autoware）"对话框。

（4）在"Sensing"标签页中勾选"waypoint_loader"。此时可以在"RViz"界面中查看是否有航迹点显示。如果没有，可以尝试重新勾选"waypoint_loader"。

最终加载好的路径点如图 7-33 所示。

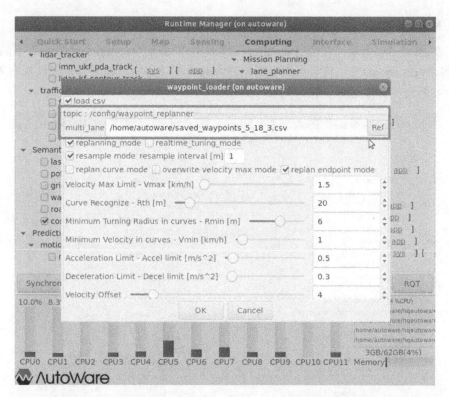

图 7-32　"waypoint_loader（on autoware）"对话框（加载路径点）

图 7-33　最终加载好的路径点

10．MPC 参数调节

（1）如图 7-34 所示，在"Computing"标签页中勾选"waypoint_planner"下的"astar_avoid"和"velocity_set"，该节点用于判断前方是否有障碍物。如果有，则计算与障碍物的距离进而判断是要减速还是停车。

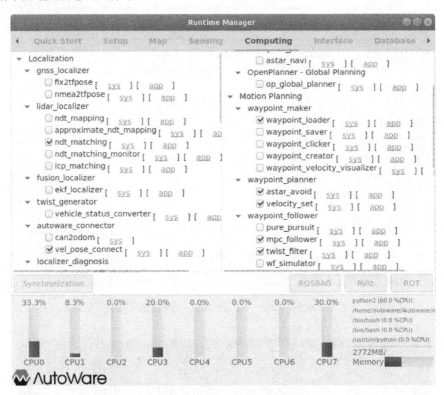

图 7-34 "Computing"标签页

（2）勾选"waypoint_follower"下的"mpc_follower"和"twist_filter"。

（3）单击"mpc_follower"后面的"app"，弹出"mpc_follower"对话框，如图 7-35 所示。在该对话框可以调节模型预测的控制方法。

① 勾选"show_debug_info"：在使用 MPC 控制算法时，最好把这个勾选上，这样在调试时可以实时显示 MPC 算法使用的情况，方便调试时找出 Bug，如图 7-36 所示。

② 车辆模型的选择：选择"kinematics"，如图 7-37 所示。

各个车辆模型的具体含义如表 7-2 所示。

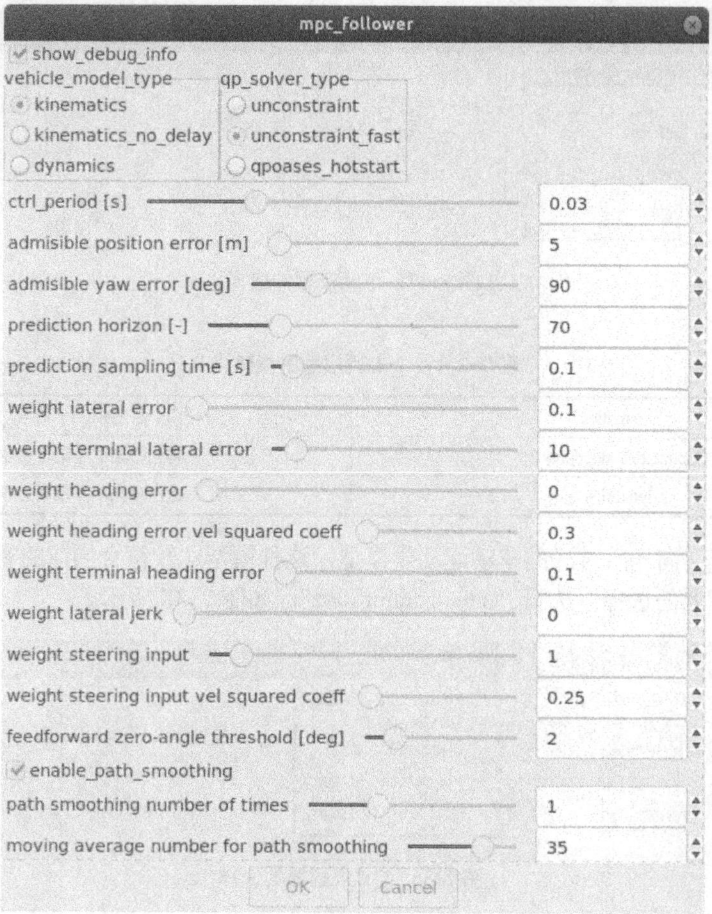

图 7-35　"mpc_follower" 对话框

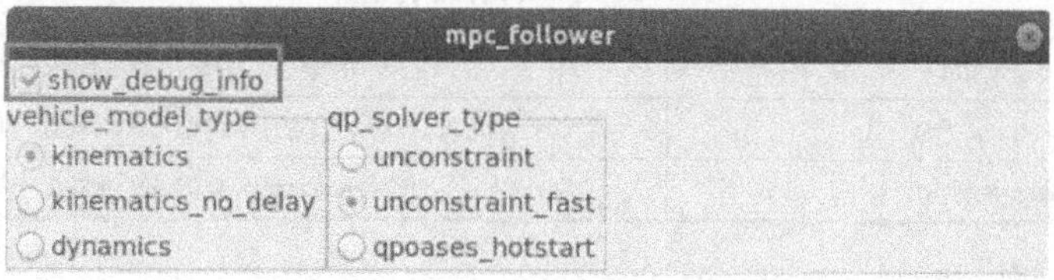

图 7-36　"show_debug_info" 选择

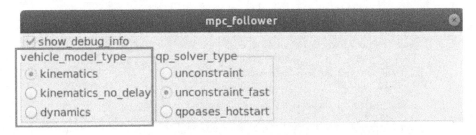

图 7-37　车辆模型的选择

表 7-2　各个车辆模型的具体含义

kinematics	带转向一阶时滞的车辆运动学模型
kinematics_no_delay	无转向时滞的车辆运动学模型
dynamics	考虑滑移角的车辆动力学模型

通常选择带转向一阶时滞的车辆运动学模型，这种模型比较符合当前的智能车。

③ QP 求解器的选择：选择 "unconstraint_fast"，如图 7-38 所示。

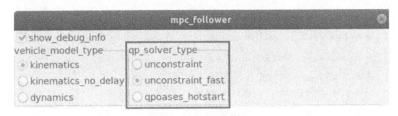

图 7-38　QP 求解器的选择

共有 3 种 QP 求解器可供选择，如表 7-3 所示。

表 7-3　QP 求解器的选择

unconstraint	用最小二乘法求解无约束 QP
unconstraint_fast	类似于无约束。这是更快的无约束 QP 求解器，但是是低精度的优化
qpoases_hotstart	使用 hotstart 函数的 qpOASES 求解 QP

通常选择第二种更快的无约束 QP 求解器。

④ 设置合适的车辆运动学参数：如轴距、舵机传动比、转向角度限制，这些值中的错误会导致基本的跟踪错误。例如，我们使用的无人车底盘轴距（wheelbase）为 0.6m，转向角限制为 24°，迭代次数默认即可，如图 7-39 所示。

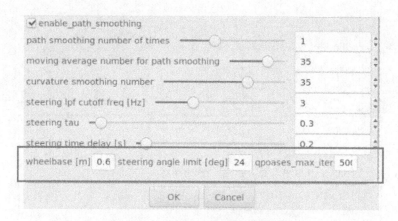

图 7-39　设置合适的车辆运动学参数

⑤ 设定合适的车辆转向动力学时间常数："steering tau" 应设置为 0.01 或 0.02，否则智能车不能走，如图 7-40 所示。

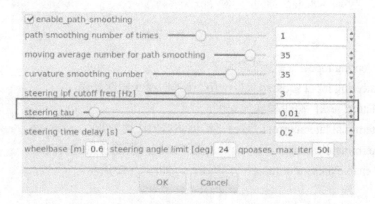

图 7-40　设定合适的车辆转向动力学时间常数

⑥ 设定 "weight steering input" 为 1.0、"weight lateral error" 为 0.1，其他权重设置为 0：如果车辆在低速行驶时发生振荡，则设定 "weight lateral error" 更小。如果车辆不稳定，"weight lateral error" 很小，增加 "weight terminal lateral error" 和 "weight_terminal heading error" 来提高跟踪稳定性，并且较大的 "prediction horizon" 和较小的 "prediction sampling time" 对跟踪性能是有效的，如图 7-41 所示。

● weight lateral error：减少横向跟踪误差，相当于 PID 中的 P 值。
● weight heading error：沿直线行驶，相当于 PID 中的 D 值。
● weight heading error squared vel coeff：高速时沿直线行驶。

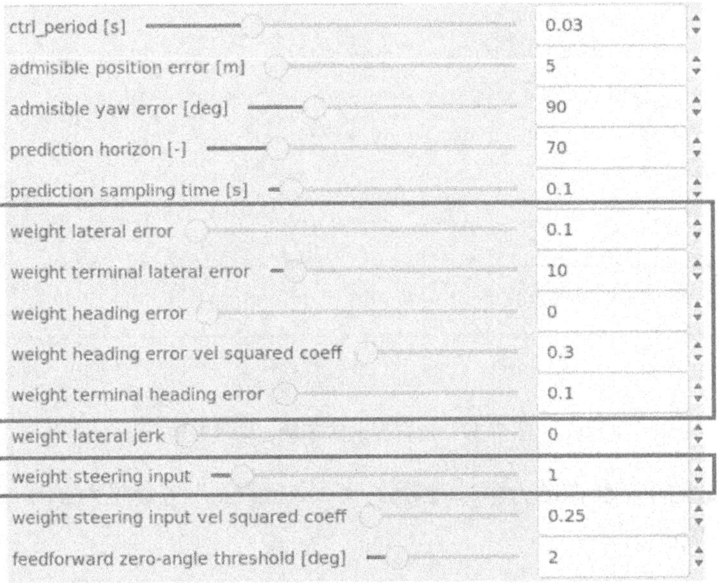

图 7-41　参数设置

- weight steering input：减少跟踪振荡。
- weight steering input squared vel coeff：高速时减少跟踪振荡。
- weight lateral jerk：减少横向加速度。
- weight terminal lateral error：路径平滑滤波器的应用次数。
- weight terminal heading error：最好设置地比航向误差权重值更大。
⑦ 勾选"enable path smoothing"平滑路径，如图 7-42 所示。

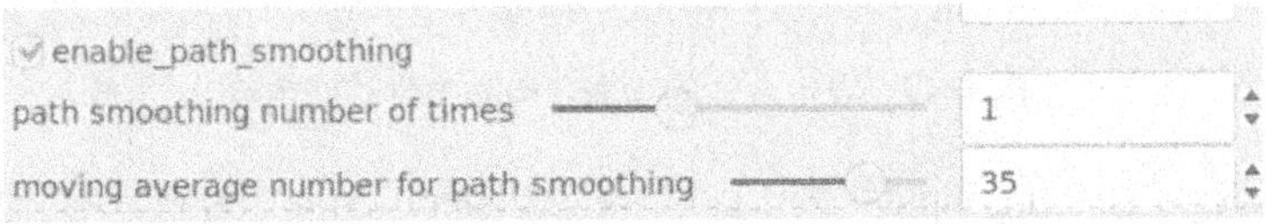

图 7-42　平滑路径

其中，"path smoothing number of times"用于设置路径平滑次数,建议设置值比"weight terminal lateral error"大，一般设置为 1 即可；"moving average number for path smoothing"用于设置路径平滑滤波器的数据点数，一般为 35。

11. 对"twist_filter"节点的参数进行设置

单击"twist_filter"后面的"app"，对该节点的参数进行设置，如图 7-43 所示。

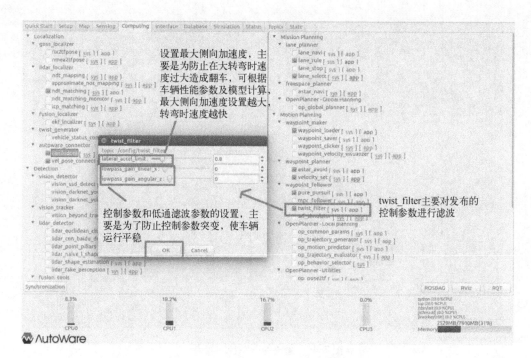

图 7-43　"twist_filter"节点的参数设置

12. 显示效果

如图 7-44 所示为利用模型预测控制方法进行参考路径跟踪的过程，最终的跟踪控制效果如图 7-45 所示。

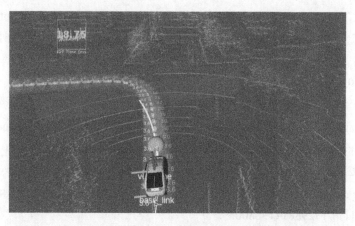

图 7-44　利用模型预测控制方法进行参考路径跟踪的过程

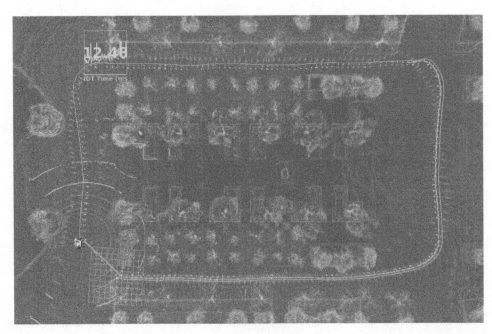

图 7-45　最终的跟踪控制效果

参 考 文 献

[1] Yao. Q, Tian. Y, Wang. Q, et al. Control strategies on path tracking for autonomous vehicle: State of the art and future challenges[J]. IEEE Access, 2020, 8:161211–161222.

[2] 朱景璐. 特定环境下低速无人车的路径规划与控制研究[D]. 哈尔滨：哈尔滨工业大学, 2020.

[3] 任巢康. 基于模型预测控制的无人车轨迹跟踪与避障控制[D]. 杭州：浙江大学, 2020.

[4] M. Zhang, F. Tian, Y. He et al. Adaptive path tracking for unmanned ground vehicle[C]. 2017 IEEE International Conference on Unmanned Systems(ICUS), Beijing, 2017:139-145.

[5] Lin F, Chen Y, Zhao Y, Wang S. Path tracking of autonomous vehicle based on adaptive model predictive control. International Journal of Advanced Robotic Systems. 2019;16(5). doi:10.1177/1729881419880089.

[6]　Berberich J, Köhler J, Müller M A, et al. Data-driven model predictive control with stability and robustness guarantees[J]. IEEE Transactions on Automatic Control, 2020, 66(4): 1702-1717.

[7]　徐杨, 陆丽萍, 褚端峰, 等. 无人车辆轨迹规划与跟踪控制的统一建模方法[J]. 自动化学报, 2019, 45(4): 799-807.

[8]　Koller T, Berkenkamp F, Turchetta M, et al. Learning-based model predictive control for safe exploration[C]. 2018 IEEE conference on decision and control (CDC). IEEE, 2018: 6059-6066.

第 8 章

Autoware 实践案例：激光循迹

本章将介绍一个实践案例——激光循迹，主要内容是基于 3D 激光雷达的无人车自主循迹实验设计、数据准备、启动设备、加载转换及自动循迹。

8.1 基于 3D 激光雷达的无人车自主循迹实验设计

Autoware系统搭建低速无人车平台，并进行各种传感器的适配，通过采集激光雷达数据，构建稳定的点云地图并进行实时定位，进而实现无人车在园区环境下既定路线的安全无人驾驶。本节将介绍基于 3D 激光雷达的无人车自主循迹实验的设计。

基于 3D 激光雷达的无人车自主循迹开发流程如下：首先，人工驾驶汽车搭配激光雷达采集一系列的点，以构成既定路线。其次，在硬件安装调试完毕之后，使用 16 线激光雷达进行实车的实时定位，将环境感知的信息及实车定位信息与既定路线的偏差作为对车辆控制决策的信息来源。最后，通过工控机计算决策，通过 Autoware 进行环境感知与车辆控制方法的实现及通信，从而完成车辆的自主环境感知与对车辆油门、刹车、方向盘的控制。无人车自主循迹的总体流程如图 8-1 所示。

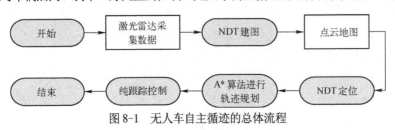

图 8-1　无人车自主循迹的总体流程

8.2　数据准备

本节将介绍启动设备前的离线数据准备过程。

8.2.1　录制 ROS 包

录制 ROS 包的具体步骤如下所示。

1．启动设备

（1）启动 Autoware，打开"Runtime Manager（on autoware）"界面。

（2）进入"Sensing"标签页，在该标签页中勾选"LeiShen C16"，如图 8-2 所示（查看是否有激光雷达数据：进入"Topics"标签页，在该标签页中单击"Rrefresh"按钮，找到并单击"/points_raw"，勾选右侧的"Echo"，查看是否有内容。若有内容，则会显示一连串数据，如图 8-3 所示）。

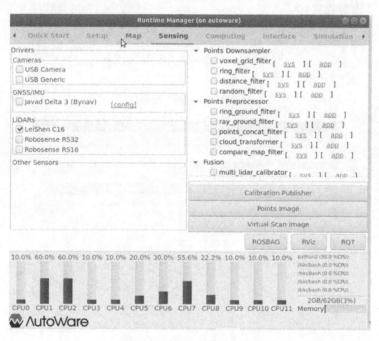

图 8-2　"Sensing"标签页

2．录制点云数据

（1）单击图 8-2 中的"ROSBAG"按钮。

（2）在弹出的"ROSBAG Record（on autoware）"对话框中单击"Refresh"按钮，刷新话题列表，如图 8-4 所示。

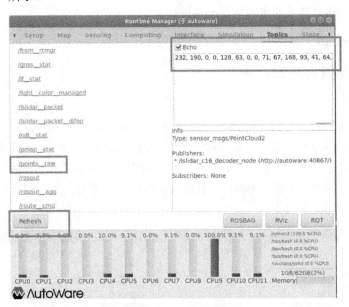

图 8-3　"Topics"标签页

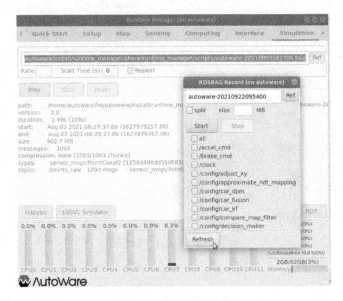

图 8-4　刷新话题列表

（3）找到并勾选"/points_raw"，如图 8-5 所示。

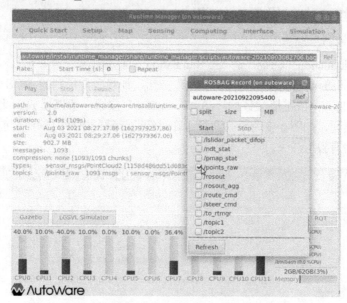

图 8-5　勾选"/points_raw"

（4）单击"Ref"按钮，选择保存路径及名字，录制点云数据，如图 8-6 所示。

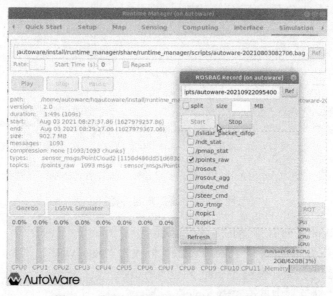

图 8-6　选择保存路径及名字，录制点云数据

（5）单击"Start"按钮，控制无人车移动，等数据录完，单击 "Stop"按钮，此时数据会保存在指定目录下。此时，数据录制完毕。

3．回放点云数据

（1）单击"Simulation"标签，进入"Simulation"标签页。

（2）在"Simulation"标签页中单击"Ref"按钮，加载之前录制的 ROS 包文件。

（3）单击 "Play"按钮播放数据，单击 "Pause"按钮，暂停播放。此时你会发现右边的进度条有数值出现，如图 8-7 所示。注意：在进行此步骤的时候，确保之前启动的激光雷达驱动关闭，否则会有数据冲突。

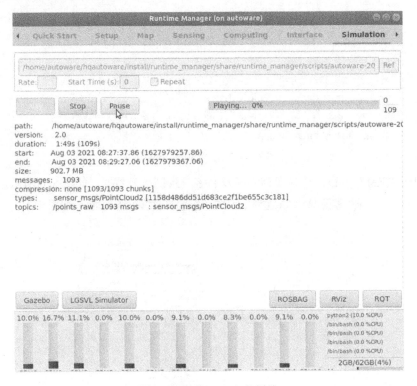

图 8-7　加载 ROS 包并播放

（4）单击 "RViz"按钮，启动"RViz"界面。

（5）在"RViz"界面中，将"Fixed Frame"修改为"velodyne"。

（6）单击"Add"按钮，弹出"rviz"对话框。

（7）在"rviz"对话框中单击"By topic"标签。

（8）在"By topic"标签页中加载"/points_raw"话题的"PointCloud2"选项，单击"OK"按钮退出。

（9）单击"Simulation"标签页中的"Pause"按钮，此时可以在"RViz"界面中看到之前采集的点云数据，如图 8-8 所示。

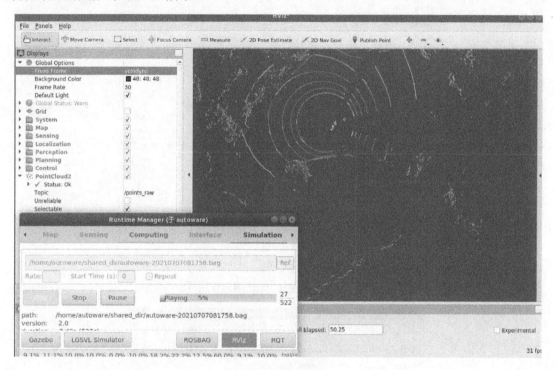

图 8-8　查看点云数据

8.2.2　制作点云地图

制作点云地图的具体步骤如下所示。

1. 加载 base_link 到 velodyne 的转换文件

在"Setup"标签页中，确保"Localizer"下的选项为"Velodyne"，在"Baselink to Localizer"中设置好各个参数（车身与传感器的位姿）之后单击"TF"按钮，并且单击"Vehicle Model"按钮，如图 8-9 所示（如果存在激光雷达数据，在"RViz"界面，车子显示为黑色）。

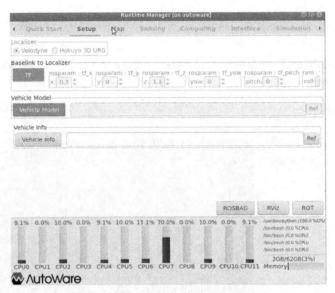

图 8-9　"Setup"标签页

2. 加载 world 到 map 的转换文件

（1）单击"Map"标签，进入"Map"标签页。

（2）在"Map"标签页中单击"TF"按钮，如图 8-10 所示。

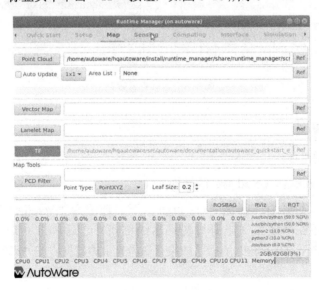

图 8-10　"Map"标签页

3. 计算并加载 map 到 base_link 的转换文件

（1）从 map 到 base_link 的映射需要 scan-to-map 的算法。Autoware 的建图采用的是 ndt_mapping。在 "Computing" 标签页中找到 "lidar_localizer" 下的 "ndt_mapping" 选项，单击其后的 "app"，弹出 "ndt_mapping（on autoware）" 对话框。

（2）如图 8-11 所示，在 "ndt-mapping（on autoware）" 对话框中，在 "Method Type" 下选择 "pcl_generic"，单击 "Close" 按钮退出该对话框。

（3）在 "Sensing" 标签页中勾选 ndt_mapping。

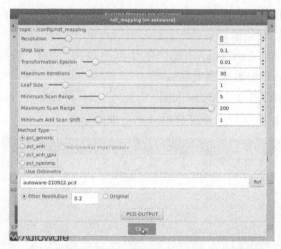

图 8-11　"ndt_mapping（on autoware）" 对话框

4. 制作点云地图

（1）和回放点云数据一样，进入 "Simulation" 标签页，单击该标签页中的 "Ref" 按钮，加载之前录制的 ROS 包文件。

（2）单击 "Play" 按钮播放数据，然后单击 "Pause" 按钮暂停播放。

（3）单击 "Runtime Manager（on autoware）" 界面右下方的 "RViz" 按钮，打开 "RViz" 界面。

（4）单击 "Simulation" 标签，在 "Simulation" 标签页中单击 "Play" 按钮开始播放，此时可以看到 RViz 可视化窗口。

注意：由于 RViz 会占用大量的系统资源，所以在建图过程中不需要打开 RViz 的显示，只需要查看终端中的显示即可，如图 8-12 所示 。

注意：终端中的 "（Process/Input）"，前一个数字表示正在处理的点云帧数，后一个表示加载的点云帧数。如果两个数字相差过大，会出现运行错误；如果前后两个数字相差 1000 以上，就要按"Simulation"标签页中的"Pause"按钮，暂停加载，等待一下正在处理的数字，等两个数字重新接近之后，可以再次按"Pause"按钮运行。运行停止，表示地图生成完毕。

(Processed/Input): (2029 / 2085)

图 8-12　终端中的显示

5. 保存点云地图

（1）在"Computing"标签页中，单击"ndt_mapping"后面的"app"，弹出"ndt_mapping（on autoware）"对话框。

（2）在"ndt_mapping（on autoware）"对话框中单击"Ref"按钮，选择保存地图的路径，将"Filter Resolution"参数设置为 0.2。

（3）单击"PCD OUTPUT"按钮，如图 8-13 所示，开始保存 pcd 文件。此时，可以在保存的路径里看到一个.pcd 文件，该文件就是点云地图文件。

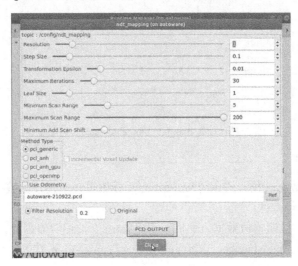

图 8-13　"ndt_mapping（on autoware）"对话框

6. 查看点云地图

（1）单击"Map"标签，进入"Map"标签页。

（2）在"Map"标签页中单击"Point Cloud"按钮后面的"Ref"按钮，加载刚才保存的.pcd 文件。

（3）单击"Point Cloud"按钮，若进度条显示"OK"，则加载完毕，如图 8-14 所示。

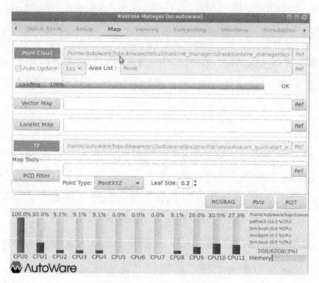

图 8-14　"Map"标签页

（4）单击"Runtime Manager（on autoware）"界面中的"RViz"按钮，打开"RViz"界面。

（5）单击"RViz"界面中的"Add"按钮，在弹出的对话框中，通过"By topic"标签找到并打开"/points_map"。

最终的点云地图如图 8-15 所示。

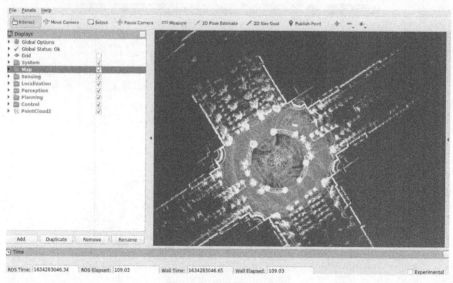

图 8-15　最终的点云地图

8.2.3 录制航迹点

注意：所有需要在"Simulation"标签页中加载的数据都需要在所有操作之前操作，否则在 "RViz"界面中显示时，会出现 frame_id 错误。这里我们只讲仿真数据录制航迹点的方法。

1. 加载 ROS 包文件

（1）打开"Runtime Manager（on autoware）"界面，进入"Simulation"标签页。

（2）单击"Simulation"标签页中的 "Ref" 按钮，加载录制用于定位的 ROS 包文件。

（3）单击"Play"按钮，然后单击 "Pause"按钮暂停（注意：请一定要先做这一步，这是因为要同步时间。如果在后面做，会产生关于 stamped 的错误）。

2. 加载点云地图和加载 world 到 map，以及 base_link 到 velodyne 的 TF 变化

（1）在"Setup"标签页中单击"TF"按钮和"Vehicle Model"。

（2）在 "Map" 标签页中单击"Point Cloud"按钮后面的"Ref"按钮，加载刚才保存的.pcd 文件，并单击 "Point Cloud"按钮，若进度条显示"OK"，则加载完毕。

（3）单击"TF"按钮。

（4）在"Sensing"标签页中勾选"Points Downsampler"下的"voxel_grid_filter"，如图 8-16 所示。

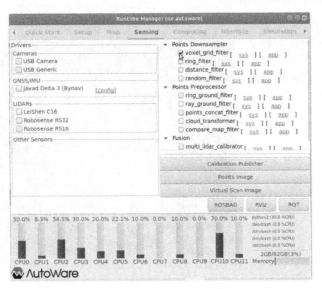

图 8-16　"Sensing"标签页

3. 设置从 map 到 base_link 的转换

（1）找到"Computing"标签页中的 "ndt_matching"选项，单击其后的"app"，弹出"ndt"对话框。

（2）在"ndt"对话框中，确保"topic: /config/ndt"选项处于"Initial_Pose"处，勾选"Initial Pos"，x、y、z、roll、pitch、yaw 的值表示激光的初始位置，我们这里用默认的 0、0、0、0、0、0。

（3）设置"Method Type"为"pcl_generic"，退出"ndt"对话框。

（4）在"Computing"对话框中勾选"ndt_matching"，如图 8-17 所示。

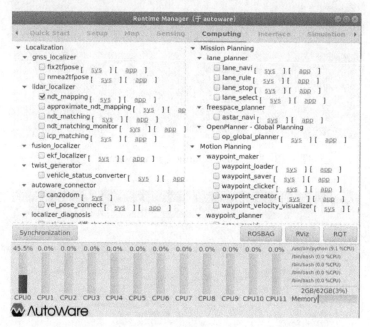

图 8-17　"Computing"标签页（设置从 map 到 base_link 的转换）

4. 启动"vel_pose_connect"

（1）找到"Computing"标签页中的"vel_pose_connect"，单击其后的"app"，弹出"vel_pose_connect（于 autoware）"对话框。

（2）在"vel_pose_connect（于 autoware）"对话框中，确保选项"Simulation _Mode"没有被勾选（默认不勾选），如图 8-18 所示。单击"vel_pose_connect（于 autoware）"对话框中的"OK"按钮，退出该对话框。

（3）在"Computing"标签页中勾选"vel_pose_connect"，如图 8-19 所示。

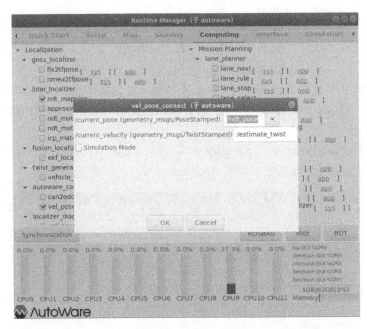

图 8-18　"vel_pose_connect（于 autoware）"对话框

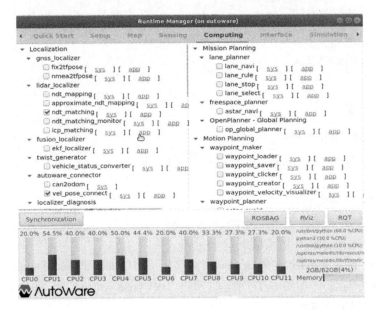

图 8-19　"Computing"标签页（勾选"vel_pose_connect"）

5．录航迹点

（1）在"Computing"标签页中，找到"waypoint_maker"下的"waypoint_saver"，单击其后的"app"，弹出"waypoint_saver（于 autoware）"对话框。

（2）在"waypoint_saver（于 autoware）"对话框中单击"Ref"按钮，指定保存路径和文件名，如图 8-20 所示。

（3）单击"waypoint_saver（于 autoware）"对话框中的"OK"按钮，退出该对话框。

（4）在"Computing"标签页中勾选"waypoint_saver"，如图 8-21 所示。

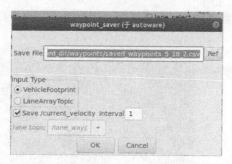

图 8-20　"waypoint_saver(于 autoware)"对话框

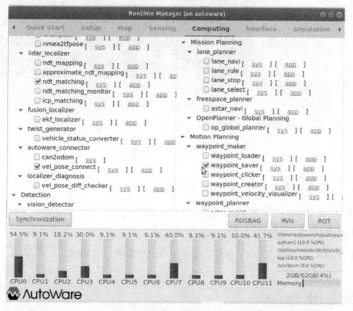

图 8-21　"Computing"标签页（勾选"waypoint_saver"）

6. 显示数据

（1）打开"RViz"界面，单击"File"菜单中的"open config"，选择路径为/home/Autoware/hqAutoware/src/Autoware/documentation/Autoware_quickstart_examples/launch/ROSbag_demo/default.rviz 的文件，将"Fixed Frame"改为"map"。

（2）回到"Runtime Manager"界面，进入"Simulation"标签页，单击"Pause"按钮。这时可以从"RViz"界面中看到一辆黑色的带有激光雷达数据的车辆停在地图的右下方，如图 8-22 所示。

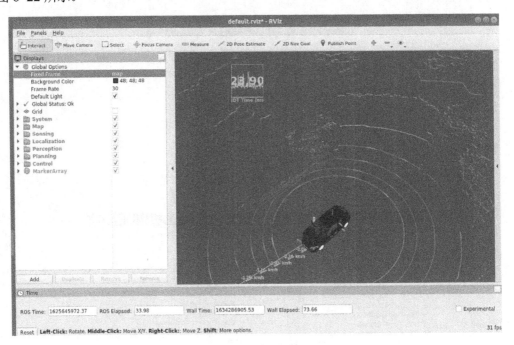

图 8-22　显示数据

7. 在"RViz"界面中显示 waypoints 的记录过程

（1）打开"RViz"界面，单击该界面中的"Add"按钮，弹出"rviz"对话框。

（2）在"rviz"对话框中单击"By topic"标签。

（3）在"By topic"标签页中，在"/waypoint_saver_marker"下添加"MarkerArray"，如图 8-23 所示。

8. 保存记录的航迹点数据

（1）返回"Runtime Manager"界面，进入"Simulation"标签页。

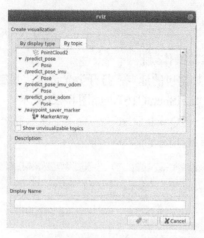

图 8-23 "By topic" 标签页

（2）在 "Simulation" 标签页中，单击 "Pause" 按钮，这时可以看到车子在地图中开始运动，如图 8-24 所示。

（3）车子停止后，回到 "Runtime Manager" 界面的 "Computing" 标签页中，取消 "waypoint_saver" 的勾选（自动保存 waypoint）。

注意：确保在此之前更改了文件名和保存路径，在指定的路径下将会看到对应文件。

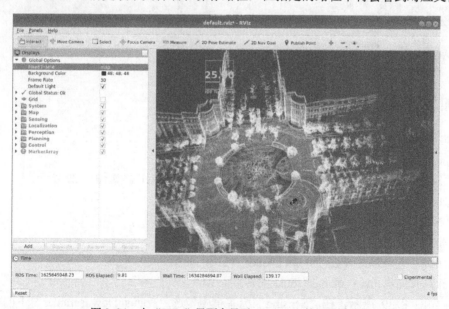

图 8-24 在 "RViz" 界面中显示 waypoints 的记录过程

8.3　启动设备

本节将介绍启动设备的实验操作过程。

（1）将小车开到室外录制数据包的地点，打开激光雷达，开启 Autoware，进入 "Sensing"
标签页。在该标签页中勾选 "LeiShen C16"，如图 8-25 所示。

（2）打开底盘控制。单击 "Quick Start" 标签。在该标签页中，单击 "Vehicle Gateway"
按钮，打开底盘控制，如图 8-26 所示。

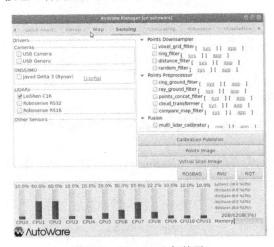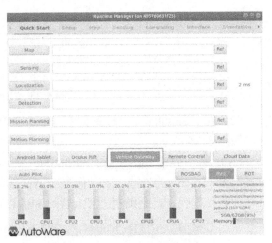

图 8-25　"Sensing" 标签页　　　　　　　图 8-26　"Quick Start" 标签页

8.4　加载转换

本节将介绍启动设备后的加载转换实验操作。

1）加载 base_link 到 velodyne 的转换文件

在 "Setup" 标签页中单击 "TF" 按钮和 "Vehicle Model"，如图 8-27 所示。

2）加载 world 到 map 的转换文件

在 "Map" 标签页中单击 "TF" 按钮，如图 8-28 所示。

3）加载点云地图

在 "Map" 标签页中单击 "Point Cloud" 按钮，如图 8-29 所示。

4）计算并加载 map 到 base_link 的转换

（1）如图 8-30 所示，在 "Sensing" 标签页中勾选 "Points Downsampler" 下的 "voxel_ grid_filter"，勾选"Points Preprocessor"下的"ray_ground_filter"。

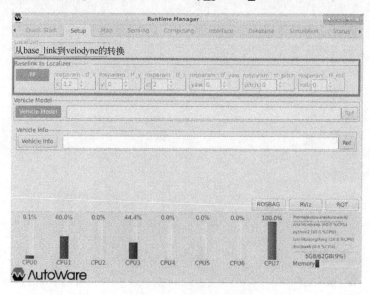

图 8-27　"Setup"标签页

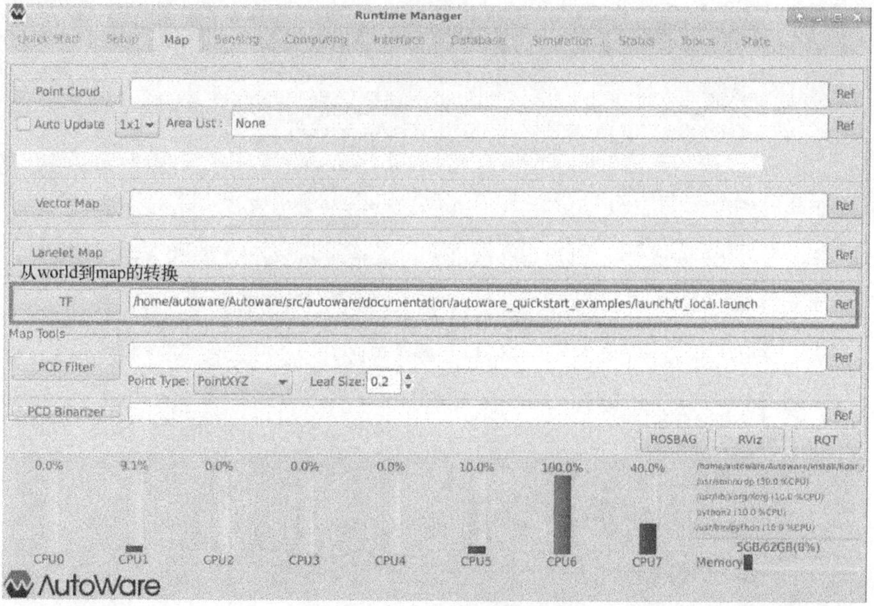

图 8-28　"Map"标签页

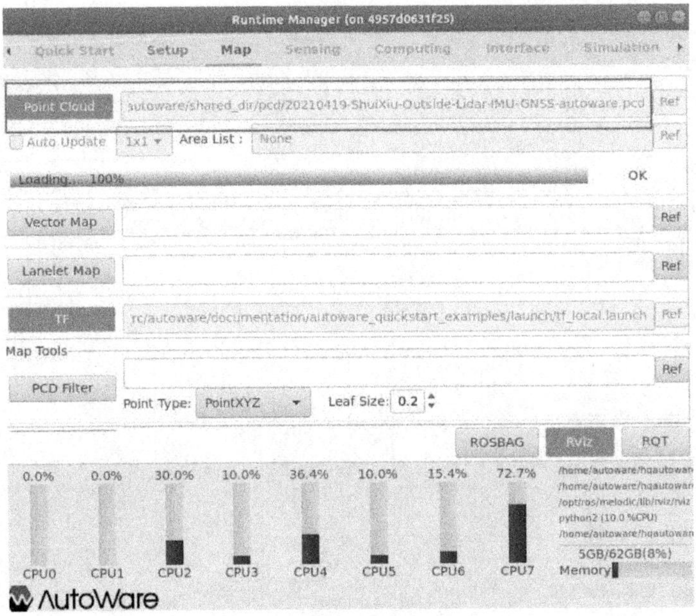

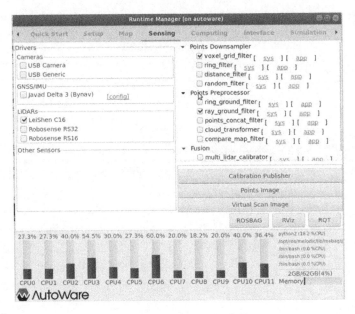

图 8-29　"Map" 标签页

图 8-30　"Sensing" 标签页

（2）如图 8-31 所示，在"Computing"标签页中勾选"lidar_localizer"下的"ndt_matching"和"autoware_connector"下的"vel_pose_connect"，使用默认参数。

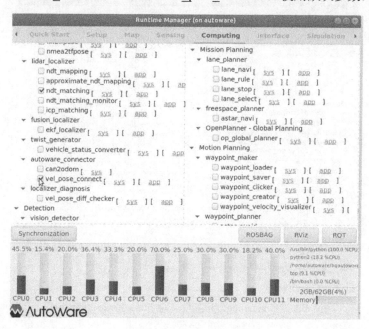

图 8-31　"Computing"标签页

8.5　自动循迹

本节将介绍自动循迹的实验操作（整个实验的最后一部分）。

（1）在"Computing"标签页中勾选"Semantics"下的"costmap_generator"，如图 8-32 所示。

（2）在"Computing"标签页中找到并单击"waypoint_maker"下"waypoint_loader"后面的"app"，弹出"waypoint_loader（on autoware）"对话框。

（3）如图 8-33 所示，在"waypoint_loader（on autoware）"对话框中，单击"Ref"按钮，加载之前保存下来的路径点文件。

（4）单击"OK"按钮，退出"waypoint_loader（on autoware）"对话框。

（5）勾选"Computing"标签页中的"waypoint_loader"。此时可以在"RViz"界面中查看是否有航迹点显示。如果没有，可以尝试重新勾选"waypoint_loader"。类似地，若在实验过程中，地图信息加载后不显示，可以取消并重新勾选"RViz"界面中的"Map"，如图 8-34 所示。

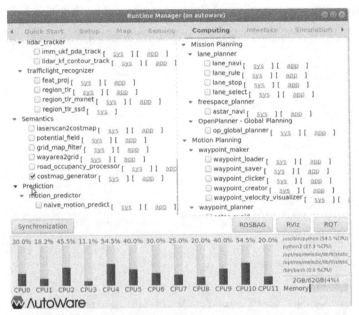

图 8-32 "Computing"标签页（勾选"costmap_genrator"）

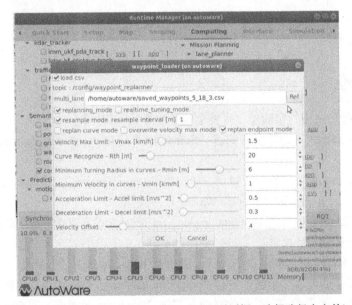

图 8-33 "waypoint_loader（on autoware）"对话框（选择路径点文件）

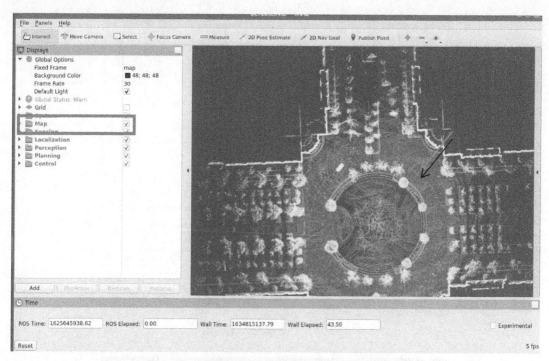

图 8-34　"RViz"界面（查看是否成功加载航迹点）

（6）在"Computing"标签页中勾选"Mission Planning"下的"lane_rule"和"lane_select"，如图 8-35 所示。

（7）在"Computing"标签页中勾选"waypoint_planner"下的"astar_avold"和"velocity_set"。

（8）在"Computing"标签页中找到"waypoint_follower"下的"pure_pursuit"与"twist_filter"，并单击其后的"app"，弹出"waypoint_follower（on autoware）"对话框。

（9）在"waypoint_follower（on autoware）"对话框中勾选"Dlalog"选项，确保"Velocity（手动设置速度）"选项值不能太大，因为这里是路径点跟随中设置速度的地方，如图 8-36 所示。Waypoint 模式下的速度是制作路径点文件中记录的 ROS 包文件的车速，已经被写入路径点文件中，而 Dlalog 模式则可以手动设置车辆的速度。

（10）在"Computing"标签页中勾选"pure_pursuit"与"twist _filter"，如图 8-37 所示。

（11）将小车遥控改为自动模式，可以在"RViz"界面中查看到自动循迹的轨迹，实际环境下可以看到小车按照既定路线行驶，如图 8-38 和图 8-39 所示。

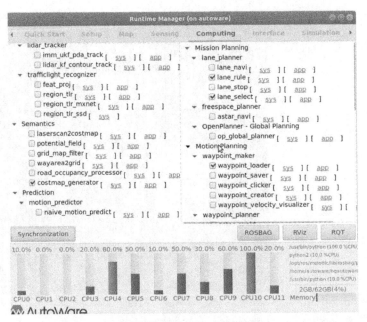

图 8-35　"Computing"标签页

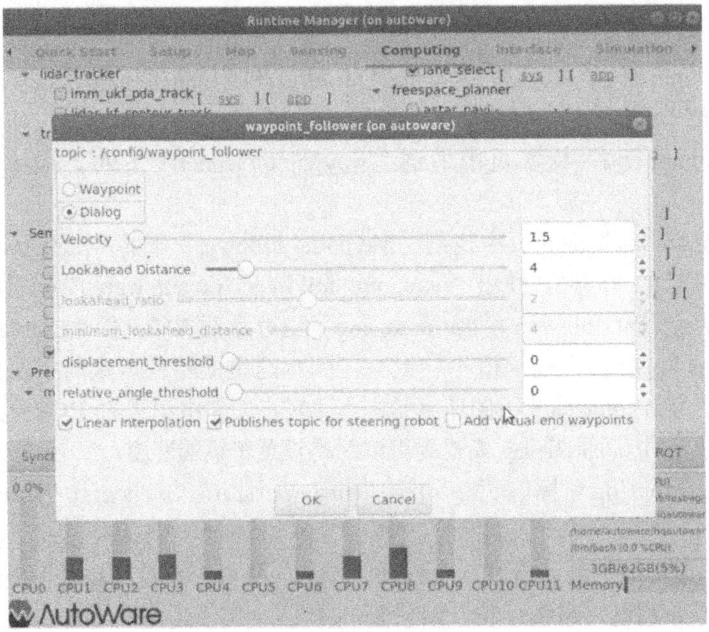

图 8-36　"waypoint_follower（on autoware）"对话框

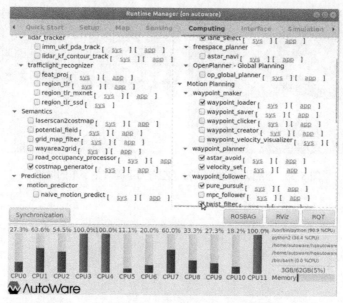

图 8-37　"Computing"标签页（勾选纯跟踪节点）

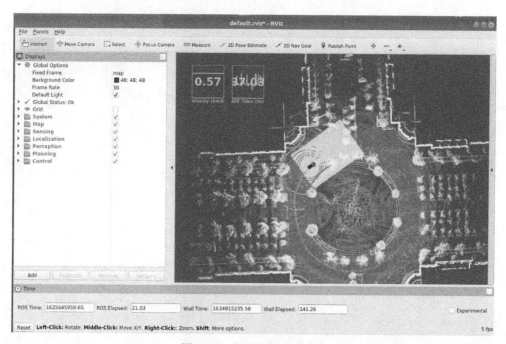

图 8-38　自动循迹 RViz 显示

图 8-39　实际场景循迹实验（左右为不同时刻小车的位置）

专业术语的中英文对照

YMC：Yaw Moment Control，偏航控制。

NMEA：National Marine Electronics Association，美国国家海洋电子协会的简称，现在是 GPS 导航设备统一的 RTCM 标准协议。

IMU：Inertial Measurement Unit ，惯性测量单元。

NDT：Normal Distributions Transform，正态分布变换。

ICP：Iterative Closest Point，迭代最近点。

GNSS：Global Navigation Satellite System，全球导航卫星系统。

RTK：Real Time Kinematic，载波相位差分技术。

V2X：Vehicle-to-Everything，车联万物，指车辆的无线通信。

GPS：Global Positioning System，全球定位系统。

5G：5th Generation Mobile Communication Technology，第五代移动通信技术。

SDK：Software Development Kit，软件开发工具包。

IP：Internet Protocol ，英特网使用 IP 地址作为主机的标志。

ROS：Robot Operating System ，机器人软件平台。

SLAM：Simultaneous Localization and Mapping， 实时定位与地图构建。

Demo：Demonstration ，示范或展示。

Docker：开源的应用容器引擎。

SAE：Society of Automotive Engineers，国际自动机工程师学会。